“十二五”职业教育国家规划教材
经全国职业教育教材审定委员会审定

数字影音处理

（After Effects CS6）

李华平　主　编

李宝丽　王好军　副主编
王旭华　王玉玲

王　健　主　审

電子工業出版社

Publishing House of Electronics Industry

北京·BEIJING

内 容 简 介

本书根据教育部颁发的《中等职业学校专业教学标准（试行）信息技术类（第一辑）》中的相关教学内容和要求编写而成。本书从满足经济发展对高素质劳动者和技能型人才的需求出发，在课程结构、教学内容、教学方法等方面进行了新的探索与改革创新，以利于学生更好地掌握本课程的内容，利于学生理论知识的掌握和实际操作技能的提高。

本书共分六个项目，项目一为走进 AE，介绍了 AE 的功能、应用和操作流程；项目二为素材管理，介绍了如何搜集素材、导入素材、管理素材，并对需要的素材进行格式转换；项目三为影视编辑，介绍了如何建立视频、剪辑视频，用项目的形式介绍了常用滤镜、文字效果、转场效果的制作；项目四为影视合成，通过项目的形式主要讲述了基础动画制作、三维空间与摄像机、常用视频特效；项目五为音频处理，介绍了如何添加片头、片段、片尾音频效果；项目六为影视栏目包装，介绍了点歌台片头、片尾制作及栏目的合成。

本书可作为计算机动漫与游戏制作专业的核心教材，也可作为计算机游戏制作爱好者的参考教材。本书配有教学指南、电子教案和案例素材，详见前言。

图书在版编目（CIP）数据

数字影音处理. After Effects CS6 / 李华平主编. —北京：电子工业出版社，2016.11

ISBN 978-7-121-24840-5

Ⅰ. ①数… Ⅱ. ①李… Ⅲ. ①视频编辑软件—中等专业学校—教材 Ⅳ. ①TP317

中国版本图书馆 CIP 数据核字（2014）第 275099 号

策划编辑：杨　波
责任编辑：郝黎明
印　　刷：北京七彩京通数码快印有限公司
装　　订：北京七彩京通数码快印有限公司
出版发行：电子工业出版社
　　　　　北京市海淀区万寿路 173 信箱　邮编　100036
开　　本：787×1 092　1/16　印张：8.25　字数：211.2 千字
版　　次：2016 年 11 月第 1 版
印　　次：2023 年 9 月第 10 次印刷
定　　价：22.00 元

编审委员会名单

主任委员：

武马群

副主任委员：

王　健　　韩立凡　　何文生

委　　员：

丁文慧	丁爱萍	于志博	马广月	马永芳	马玥桓	王　帅	王　苒	王　彬
王晓姝	王家青	王皓轩	王新萍	方　伟	方松林	孔祥华	龙天才	龙凯明
卢华东	由相宁	史宪美	史晓云	冯理明	冯雪燕	毕建伟	朱文娟	朱海波
向　华	刘　凌	刘　猛	刘小华	刘天真	关　莹	江永春	许昭霞	孙宏仪
杜　珺	杜宏志	杜秋磊	李　飞	李　娜	李华平	李宇鹏	杨　杰	杨　怡
杨春红	吴　伦	何　琳	佘运祥	邹贵财	沈大林	宋　薇	张　平	张　侨
张　玲	张士忠	张文库	张东义	张兴华	张呈江	张建文	张凌杰	张媛媛
陆　沁	陈　玲	陈　颜	陈丁君	陈天翔	陈观诚	陈佳玉	陈泓吉	陈学平
陈道斌	范铭慧	罗　丹	周　鹤	周海峰	庞　震	赵艳莉	赵晨阳	赵增敏
郝俊华	胡　尹	钟　勤	段　欣	段　标	姜全生	钱　峰	徐　宁	徐　兵
高　强	高　静	郭　荔	郭立红	郭朝勇	黄　彦	黄汉军	黄洪杰	崔长华
崔建成	梁　姗	彭仲昆	葛艳玲	董新春	韩雪涛	韩新洲	曾平驿	曾祥民
温　晞	谢世森	赖福生	谭建伟	戴建耘	魏茂林			

序 | PROLOGUE

当今是一个信息技术主宰的时代，以计算机应用为核心的信息技术已经渗透到人类活动的各个领域，彻底改变着人类传统的生产、工作、学习、交往、生活和思维方式。和语言和数学等能力一样，信息技术应用能力也已成为人们必须掌握的、最为重要的基本能力。职业教育作为国民教育体系和人力资源开发的重要组成部分，信息技术应用能力和计算机相关专业领域专项应用能力的培养，始终是职业教育培养多样化人才，传承技术技能，促进就业创业的重要载体和主要内容。

信息技术的发展，特别是数字媒体、互联网、移动通信等技术的普及应用，使信息技术的应用形态和领域都发生了重大的变化。第一，计算机技术的使用扩展至前所未有的程度，桌面电脑和移动终端（智能手机、平板电脑等）的普及，网络和移动通信技术的发展，使信息的获取、呈现与处理无处不在，人类社会生产、生活的诸多领域已无法脱离信息技术的支持而独立进行。第二，信息媒体处理的数字化衍生出新的信息技术应用领域，如数字影像、计算机平面设计、计算机动漫游戏、虚拟现实等；第三，信息技术与其他业务的应用有机地结合，如与商业、金融、交通、物流、加工制造、工业设计、广告传媒、影视娱乐等结合，形成了一些独立的生态体系，综合信息处理、数据分析、智能控制、媒体创意、网络传播等日益成为当前信息技术的主要应用领域，并诞生了云计算、物联网、大数据、3D 打印等指引未来信息技术应用的发展方向。

信息技术的不断推陈出新及应用领域的综合化和普及化，直接影响着技术、技能型人才的信息技术能力的培养定位，并引领着职业教育领域信息技术或计算机相关专业与课程改革、配套教材的建设，使之不断推陈出新、与时俱进。

2009 年，教育部颁布了《中等职业学校计算机应用基础大纲》，2014 年，教育部在 2010 年新修订的专业目录基础上，相继颁布了"计算机应用、数字媒体技术应用、计算机平面设计、计算机动漫与游戏制作、计算机网络技术、网站建设与管理、软件与信息服务、客户信息服务、计算机速录"等 9 个信息技术类相关专业的教学标准，确定了教学实施及核心课程内容的指导意见。本套教材就是以此为依据，结合当前最新的信息技术发展趋势和企业应用案例组织开发和编写的。

本套系列教材的主要特色

● **对计算机专业类相关课程的教学内容进行重新整合**

本套教材面向学生的基础应用能力，设定了系统操作、文档编辑、网络使用、数据分析、媒体处理、信息交互、外设与移动设备应用、系统维护维修、综合业务运用等内容；针对专业应用能力，根据专业和职业能力方向的不同，结合企业的具体应用业务规划了教材内容。

● **以岗位工作过程来确定学习任务和目标，综合提升学生的专业能力、过程能力和职位差异能力**

本套教材通过工作过程为导向的教学模式和模块化的知识能力整合结构，体现产业需求与专业设置、职业标准与课程内容、生产过程与教学过程、职业资格证书与学历证书、终身学习与职业教育的"五对接"。从学习目标到内容的设计上，本套教材不再仅仅是专业理论内容的复制，而是经由职业岗位实践——工作过程与岗位能力分析——技能知识学习应用内化的学习实训导引和案例。借助知识的重组与技能的强化，达到企业岗位情境和教学内容要求相贯通的课程融合目标。

● **以项目教学和任务案例实训作为主线**

本套教材通过项目教学，构建了工作业务的完整流程和岗位能力需求体系。项目的确定应遵循三个基本目标：核心能力的熟练程度，技术更新与延伸的再学习能力，不同业务情境应用的适应性。教材借助以校企合作为基础的实训任务，以应用能力为核心、以案例为线索，通过设立情境、任务解析、引导示范、基础练习、难点解析与知识延伸、能力提升训练和总结评价等环节引领学者在任务的完成过程中积累技能、学习知识，并迁移到不同业务情境的任务解决过程中，使学者在未来可以从容面对不同应用场景的工作岗位。

当前，全国职业教育领域都在深入贯彻全国工作会议精神，学习领会中央领导对职业教育的重要批示，全力加快推进现代职业教育。国务院出台的《加快发展现代职业教育的决定》明确提出要"形成适应发展需求、产教深度融合、中职高职衔接、职业教育与普通教育相互沟通，体现终身教育理念，具有中国特色、世界水平的现代职业教育体系"。现代职业教育体系的建立将带来人才培养模式、教育教学方式和办学体制机制的巨大变革，这无疑给职业院校信息技术应用人才培养提出了新的目标。计算机类相关专业的教学必须要适应改革，始终把握技术发展和技术技能人才培养的最新动向，坚持产教融合、校企合作、工学结合、知行合一，为培养出更多适应产业升级转型和经济发展的高素质职业人才做出更大贡献！

前言 | PREFACE

为建立健全教育质量保障体系，提高职业教育质量，教育部于 2014 年颁布了中等职业学校专业教学标准（以下简称专业教学标准）。专业教学标准是指导和管理中等职业学校教学工作的主要依据，是保证教育教学质量和人才培养规格的纲领性教学文件。在"教育部办公厅关于公布首批《中等职业学校专业教学标准（试行）》目录的通知"（教职成厅[2014]11 号文）中，强调"专业教学标准是开展专业教学的基本文件，是明确培养目标和规格、组织实施教学、规范教学管理、加强专业建设、开发教材和学习资源的基本依据，是评估教育教学质量的主要标尺，同时也是社会用人单位选用中等职业学校毕业生的重要参考。"

本书特色

本书根据教育部颁发的《中等职业学校专业教学标准（试行）信息技术类（第一辑）》中的相关教学内容和要求编写而成。

After Effects 是用于视频特效的专业特效合成软件，隶属于美国 Adobe 公司。AE 保留有 Adobe 优秀的软件兼容性。它可以非常方便地调入 Photoshop、Illustrator 的层文件；Premiere 的项目文件也可以近乎完美地再现于 AE；甚至可以调入 Premiere 的 EDL 文件。它能将二维和三维在一个合成中灵活地混合起来。AE 支持大部分的音频、视频和图文格式，甚至能将记录三维通道的文件调入并进行更改。因此，AE 作为后期软件得以较为广泛的使用。

本书按照项目教学法，把项目分解为几个任务，通过任务描述、任务分析、任务实施、知识梳理、知识巩固等体例结构，将知识点与实际项目操作紧密结合起来。

此外，建议教师在教学过程中采用模块化的任务驱动教学模式，除了要练习书中的案例外，还应结合学生和专业的特点，提供相应案例进行练习，以给学生更多的实践机会。

课时分配

本书参考学时为32学时，具体分配见本书配套的电子教案。

本书作者

本书由李华平担任主编，王好军、王旭华、李宝丽、王玉玲担任副主编，王建担任主审。

其中，项目一、项目二由李华平编写，项目三、项目五由王旭华和李宝丽编写，项目四由王好军编写，项目六由王玉玲编写。淄博市教研室傅宁参与了修改工作，在此表示衷心的感谢。

教学资源

为了提高学习效率和教学效果，方便教师教学，编者为本书配备了包括电子教案、教学指南、素材文件、微课，以及习题参考答案等配套的教学资源。请有此需要的读者登录华信教育资源网注册后进行免费下载，有问题时可在网站留言板留言或与电子工业出版社联系。

由于编者水平有限，加之时间仓促，书中难免存在错误和不妥之处，恳请广大师生和读者批评指正。

编 者

CONTENTS | 目录

项目一

走进 AE

通过利用 After Effects（简称 AE）制作一个简单的合成案例来了解 AE 的功能及应用，掌握 AE 的基础，并学会其操作流程。

项目分析

任　务	浏　览　图	技术要点
第一次合成		操作流程

任务　第一次合成

任务描述

导入图片素材，合成后输出新的文件。

任务分析

通过图片素材的导入及抠图特效的使用，渲染并输出合成，如图 1-1 所示。

（a）源素材 1

（b）源素材 2

（c）最终效果 3

图 1-1　AE 合成

任务实施

（1）启动 AE，进入如图 1-2 所示的界面，根据自己的需要进行选择即可。

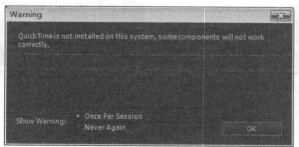

图 1-2　AE 界面

（2）打开 AE 后会进入 AE 的默认界面，在左上角找到"Composition"菜单，执行"Composition"→"New Composition"命令（即"新建"→"合成"命令，快捷键为

Ctrl+N），如图 1-3 所示。

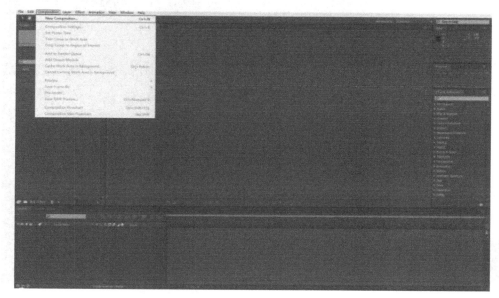

图 1-3　新建合成

弹出新建合成对话框，单击对话框中"Preset"右侧的下拉按钮，在弹出的下拉列表中选择"PAL DL/DV"选项，如图 1-4 和图 1-5 所示。

时间参数可以不更改，因为此次合成的是图片。

图 1-4　新建合成对话框

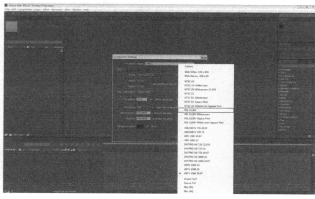

图 1-5　PAL DL/DV 设置

注意
_____

在国内职业技能大赛中，AE 比赛试题通常使用该格式。

_____

（3）合成设置完成后即可导入素材，在 AE 界面的左上角找到"File"菜单，如图 1-6 所示，执行"File"→"Import"→"File"命令，在弹出的导入素材对话框中找到随书光盘案例 1，打开其中的素材，选择图片并导入，如图 1-7 所示。

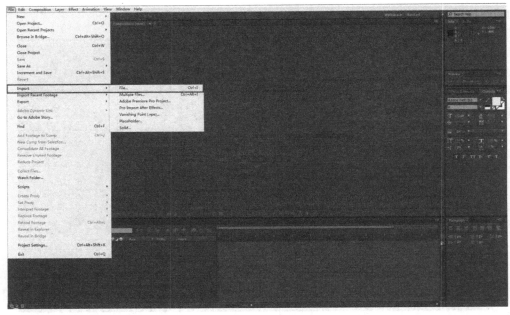

图 1-6　导入素材

图 1-7　导入素材对话框

（4）导入素材后在项目面板空白处拖动鼠标框选素材，如图 1-8 所示。将选中的素材拖动到时间轴面板左下空白处，在时间轴面板中选中两张图片，按 Ctrl+Alt+F 组合键，使图片缩放到合成窗口大小。

注意：building.avi 图层要在 cloud.avi 图层上面，否则要选中 building.avi 图层并将其拖动到 cloud.avi 图层上面，如图 1-9 所示。

图层导入并拖动到时间轴面板后即可添加特效并进行特效处理。执行"Effect"→"Keying"→"Keylight（1.2）"命令，如图 1-10 所示，在 Keylight（1.2）特效中单击"Screen

Colour"右侧的吸管工具，在 building.avi 图层中单击天空蓝色处（RGB 颜色值为 23，99，168），调整 Screen Gain 数值至 125.0，Screen Balance 数值至 0.0，如图 1-11 所示（在特效名称处单击即可选中特效，选中特效后按 Delete 键可删除特效），至此，特效添加完成。

图 1-8　选中素材

图 1-9　时间轴面板

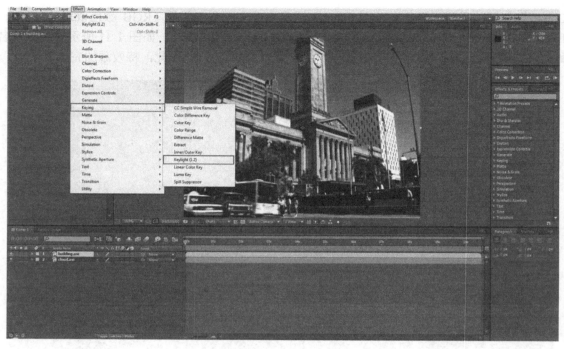

图 1-10　Keylight(1.2)特效

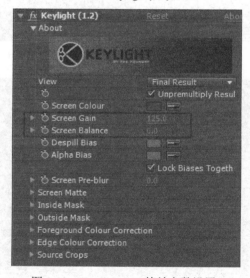

图 1-11　Keylight(1.2)特效参数设置

（5）添加特效并调整完成后，要渲染输出特效。执行"Composition"→"Add to Render Queue"命令，如图 1-12 所示，时间轴面板中出现了新的 Render Queue 窗口，如图 1-13 所示。打开 Render Queue 窗口后双击 Lossless，弹出输出格式对话框，如图 1-14 所示。单击"Format"右侧的下拉按钮，在弹出的下拉列表中选择"WMV"选项，在时间轴面板 Render Queue 窗口中设置输出位置，选择 Output To 右侧的 Not yet specified 选项，在打开的窗口中设置要输出的位置，如图 1-15 所示。设置完成后单击 Render Queue 窗口右上处的"Render"按钮，如图 1-16 所示。

图 1-12　添加渲染队列

图 1-13　渲染队列面板

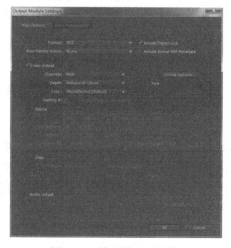

图 1-14　输出格式对话框

图 1-15　设置输出位置

图 1-16　渲染

知识窗

一、软件介绍

AE 是 Adobe 公司开发的一个视频合成及特效制作软件。它借鉴了许多优秀软件的成功之处，将视频特效合成上升到了新的高度：Photoshop 中层的引入，使 AE 可以对多层的合成图像进行控制，制作出"天衣无缝"的合成效果；关键帧、路径的引入，使 AE 对控制高级的二维动画游刃有余；高效的视频处理系统，确保了高质量视频的输出；各种特技系统，使 AE 能实现使用者的一切创意；同时，AE 保留了 Adobe 优秀软件的兼容性。

1．AE 功能介绍

1）强大的路径功能

就像在纸上画草图一样，使用 Motion Sketch 可以轻松绘制动画路径，或者加入动画模糊效果。

2）强大的特技控制

AE 使用多达 85 种软件插件来增强图像效果和动画控制，可以同其他 Adobe 软件进行有效结合。AE 在导入 Photoshop 和 Illustrator 文件时，保留图层信息。

AE 提供多种转场效果选择，并可自主调整效果，使剪辑者通过较简单的操作即可打造出自然衔接的影像效果。

3）高质量的视频

AE 支持从 4×4 到 30000×30000 的像素分辨率，包括高清晰度电视（HDTV）。

4）多层剪辑

无限图层电影和静态技术，使 AE 可以实现电影和静态画面的无缝合成。

5）高效的关键帧编辑

在 AE 中，关键帧支持具有所有层属性的动画，AE 可以自动处理关键帧之间的变化。

6）无与伦比的准确性

AE 可以精确到一个像素点的 6‰，可以准确地定位动画。

2．AE CS6.0 新增功能

（1）新增渲染缓存工具，使渲染更智能。

（2）新增 Ray Trace 3D 渲染引擎，制作 3D 文字等更加快捷，基本不用借助三维软件即可实现三维效果的制作。

（3）内置新的 3D 跟踪插件，在 AE 内部做 3D 跟踪。

（4）新增 Mask Feather 工具，可以局部羽化。

（5）新增消除 CMOS 摄像移动画面变形矫正特效。

（6）与 Mocha 结合得更好。

（7）新增 CycoreFX HD 效果。

3．AE 的应用

AE 的应用主要体现在两个方面：视觉物资设计和运动图形设计。它被广泛应用于电影特效、电视节目包装，以及电视剧特效、多媒体、网络视频、手机视频（或其他手持设备视频）和 DVD 编创行业，如图 1-17 所示。

（a）影视应用

（b）电视剧应用

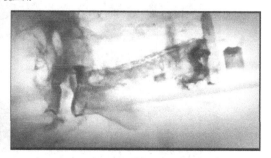

（c）广告应用

图 1-17 AE 的应用

二、制作流程

1．AE 的制作流程

AE 的制作流程包括素材整理、导入素材、素材编辑、特效制作、渲染输出。

2．AE 中常用的快捷键

新建项目：Ctrl+Alt+N	项目设置：Ctrl+Shift+K	添加素材：Ctrl+I
新建合成：Ctrl+N	合成设置：Ctrl+K	背景颜色：Ctrl+Shift+B
输出影片：Ctrl+M	跳转到某时间：Ctrl+G	新建固态层：Ctrl+Y
笔刷技巧面板：Ctrl+9	激活合成项目：Ctrl+0	激活渲染队列：Ctrl+Alt+0
特效控制：F3	显示标尺：Ctrl+R	开始工作区域：B
结束工作区域：N	工具箱：Ctrl+"/"	信息面板：Ctrl+2
时间控制面板：Ctrl+3	音频面板：Ctrl+4	字符面板：Ctrl+6
段落面板：Ctrl+7	绘画面板：Ctrl+8	特效及预设面板：Ctrl+5
位置：P	缩放：S	旋转：R
不透明：T	显示关键帧：U	满屏显示：Ctrl+Alt+F
选择工具：V	抓手工具：H（空格）	缩放工具：Z
旋转工具：W	照相机工具：C	轴心点工具：Y
矩形遮罩工具：Q	钢笔工具：G	文字工具：Ctrl+T
画笔工具：Ctrl+B	图章工具：Ctrl+B	橡皮工具：Ctrl+B
放大：Ctrl+"+"	缩小：Ctrl+"-"	属性：T
返回：Ctrl+Z	还原：Ctrl+Shift+Z	素材的入点：Alt+"["
素材的出点：Alt+"]"	剪切：Shift+Ctrl+D	复制图层：Ctrl+D
多层拼合：Ctrl+Shift+C	设置默认帧速率：Ctrl+Alt+Shift+K	
到工作区开始：Home	到工作区结束：End	
新建文字层：Ctrl+Alt+Shift+T		修改固态层：Ctrl+Shift+Y

三、工作界面

AE 的工作界面如图 1-18 所示。

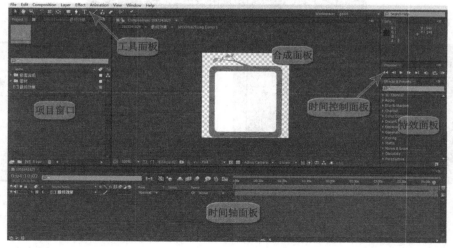

图 1-18　AE 工作界面

1. 工具面板

它包含多种图标，可以通过单击图标进行工具切换，也可以查看当前所使用的工具。右下角有小三角形的工具都有弹出列表，可以在各种工具之间进行切换，如图 1-19 所示。

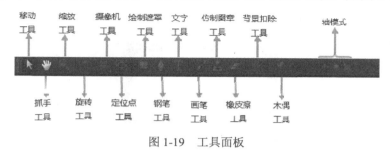

图 1-19　工具面板

2. 项目面板

Project（项目）面板是导入资源和存储合成的位置。选择某个项目后，关于它的信息会出现在这个面板的顶部，如图 1-20 所示。

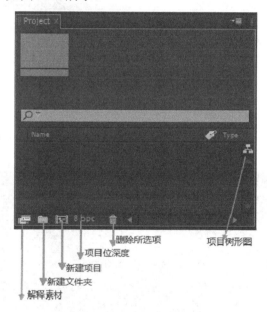

图 1-20　项目面板

3. 合成面板

合成面板是安排自己素材资源的位置。合成面板可以让用户看到当前时间点的捕捉画面，如图 1-21 所示。

4. 时间轴面板

合成面板的"搭档"是时间轴面板，这是导航和按时间安排资源的位置。由于这些面板成对儿工作，当从项目面板中打开一个合成时，合成面板和时间轴面板就会同时显示出来，如图 1-22 所示。

数字影音处理（After Effects CS6）

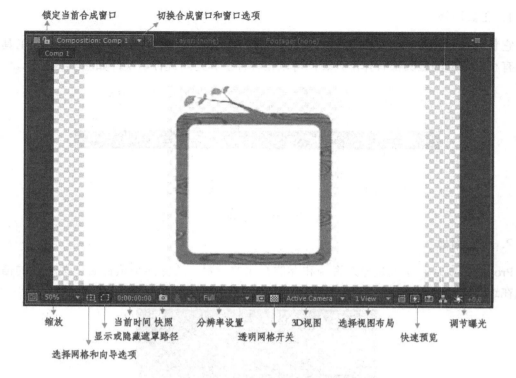

图 1-21　合成面板

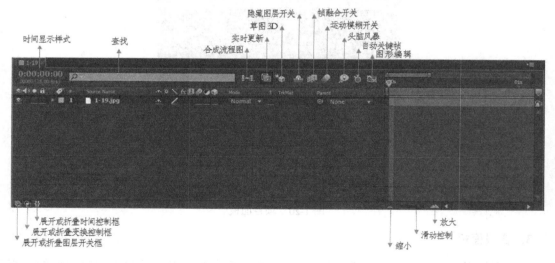

图 1-22　时间轴面板

5. 时间控制面板

时间控制面板是用于控制影片播放的位置，可提供先渲染后播放的功能，如图 1-23 所示。

6. 字体面板

字体面板可以对字体各项属性进行设置，如图 1-24 所示。

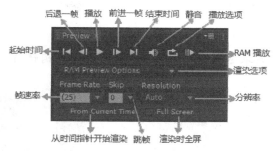

图 1-23 时间控制面板

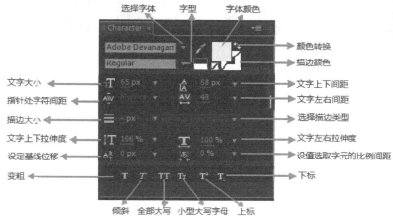

图 1-24 字体面板

知识梳理

通过本项目的学习，了解 AE 是后期合成的软件，它广泛应用于电影特效、电视节目包装及电视剧特效、多媒体、网络视频、手机视频（或其他手持设备视频）、DVD 编创行业。按照素材整理、导入素材、素材编辑、特效制作、渲染输出的流程完成 AE 操作。AE 工作界面一般由工具面板、项目面板、合成面板、时间轴面板、时间控制面板和字体面板组成。

知识巩固

1. 填空题

（1）AE 基础工作界面有_____、_____、_____、_____、_____等。

（2）导入素材的基本操作是_____。

2. 简答题

（1）AE CS6.0 有哪些新增功能？

（2）AE 主要被应用在哪些方面？

（3）简述 AE 的工作流程。

拓展实训

　　制作"松鼠"图片，要求尽可能完美地抠出松鼠图案与树林背景图，并将其融为一体，如下图所示。

项目二

素材管理

项目描述

导入"卡通兔成长记"及其音乐素材,按照卡通兔的各个阶段,将其与音乐匹配起来。

项目分析

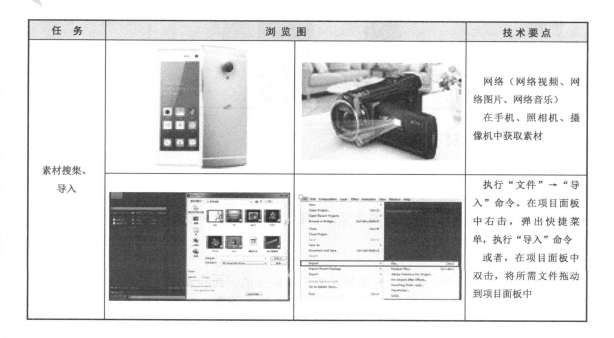

任 务	浏 览 图	技 术 要 点
素材搜集、导入		网络(网络视频、网络图片、网络音乐) 在手机、照相机、摄像机中获取素材
		执行"文件"→"导入"命令。在项目面板中右击,弹出快捷菜单,执行"导入"命令 或者,在项目面板中双击,将所需文件拖动到项目面板中

续表

任 务	浏 览 图	技 术 要 点
素材管理	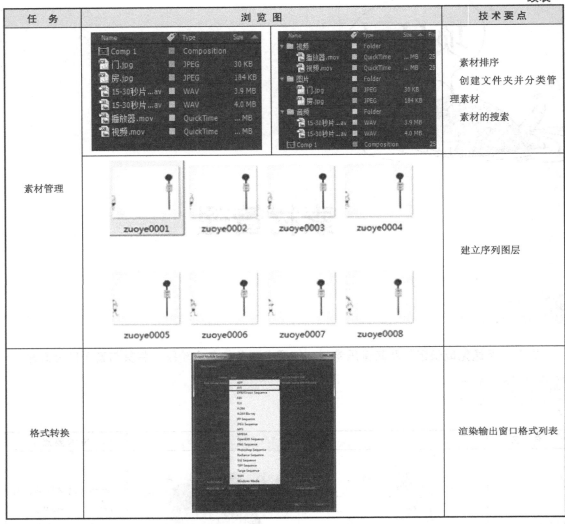	素材排序 创建文件夹并分类管理素材 素材的搜索 建立序列图层
格式转换		渲染输出窗口格式列表

任务一　素材搜集、导入

任务描述

　　了解素材的基本来源并学会搜集素材，掌握素材导入的多种方法。

任务分析

　　要想做出优秀的 AE 视频，好的素材是不可缺少的，而在现在这个网络发达的时代，AE 的素材可以通过多种方式来获得，如可以从网络上搜集，也可以从视频中截取好的图片，还可以通过手机、照相机来拍摄喜欢的素材，等等。总的来说，素材搜集基本来源是网络（网络视频、网络图片、网络音乐），也可以通过手机、照相机、摄像机等数码产品进行取材。了解素材导入的几种方法，并能够灵活应用。

任务实施

导入素材有以下 4 种方法。

（1）通过菜单栏命令，即执行"文件"→"导入"→"文件"（"File"→"Import"→"File"）命令，如图 2-1 所示。

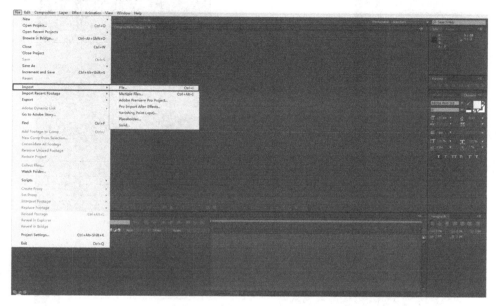

图 2-1　素材导入方法（一）

（2）在项目面板中右击，弹出快捷菜单，执行"导入"→"文件"（"Import"→"File"）命令，如图 2-2 所示。

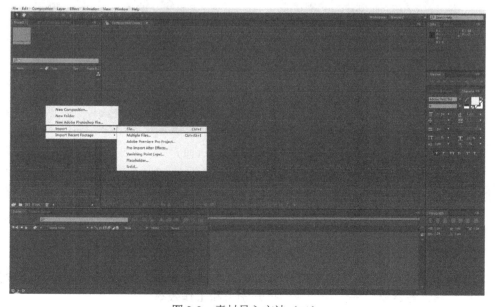

图 2-2　素材导入方法（二）

（3）在项目面板中双击，在弹出的对话框中选择需要的素材，如图 2-3 所示。

（4）使用拖动的方法，在"我的电脑"窗口中，打开素材所在的窗口，直接将所需文件拖动到项目面板中，如图 2-4 所示。

图 2-3　素材导入方法（三）

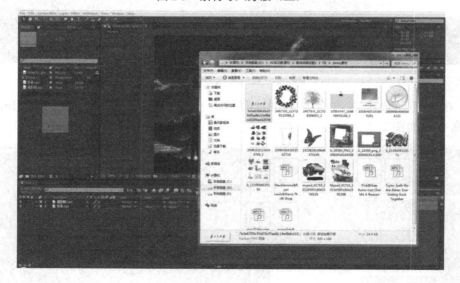

图 2-4　素材导入方法（四）

任务二　素材管理

任务描述

当我们完成一个项目时，往往需要用到各种各样的素材，如视频、图片、文字、音频等，有效地管理这些素材，将会帮助我们提升学习和工作效率。

任务分析

任 务	浏 览 图	技 术 要 点
素材排序	Comp 1　Composition 门.jpg　JPEG　30 KB 房.jpg　JPEG　184 KB 15-30秒片...av　WAV　3.9 MB 15-30秒片...av　WAV　4.0 MB 播放器.mov　QuickTime　...MB 视频.mov　QuickTime　...MB	按名称、类型、大小排序
创建文件夹，分类管理素材	视频　Folder 　播放器.mov　QuickTime　...MB　25 　视频.mov　QuickTime　...MB　25 图片　Folder 　门.jpg　JPEG　30 KB 　房.jpg　JPEG　184 KB 音频　Folder 　15-30秒片...av　WAV　3.9 MB 　15-30秒片...av　WAV　4.0 MB Comp 1　Composition　25	文件夹的创建、管理等 素材的归类、删除等
素材的搜索	视频　Folder 　播放器.mov　QuickTime　...MB　25	搜索素材关键字

任务实施

1．素材排序

（1）启动 AE，在项目面板中导入相关素材，如图 2-5 所示。

（2）单击项目面板中的 Name 标记，面板中的素材自动按文件名升序排列，再次单击 Name 标记，素材将按文件名降序排列，如图 2-6 所示。

（3）参考步骤（2），分别单击 Type、Size 标记，素材将分别按照类型、大小进行排序。

图 2-5　导入素材

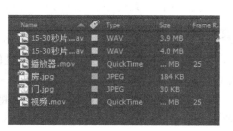

图 2-6　素材排序

2．素材分类管理

（1）单击项目面板下方的"Create a New Folder"按钮，在项目面板中新建文件夹，将文件夹命名为"视频"，如图 2-7 所示。

（2）将素材中的视频类素材拖动到"视频"文件夹中，如图 2-8 所示。

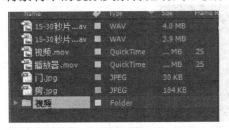

图 2-7　新建文件夹　　　　　　　　图 2-8　将素材拖动到文件夹中

（3）重复前两步，建立"图片""音频"文件夹，并将相关素材归类放置到其中，如图 2-9 所示。

（4）删除文件夹，选中"音频"文件夹，按 Delete 键即可删除该文件夹。但需要注意的是，文件夹中如果有素材，将一起被删除。

3．素材搜索

在项目面板中，在搜索文本框中输入要搜索的素材关键字，如"15"，系统将会把包含该关键字的素材列出来，方便用户对素材进行管理和应用，如图 2-10 所示。

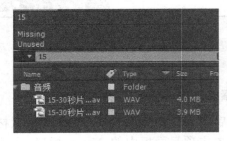

图 2-9　利用文件夹归类素材　　　　　图 2-10　利用关键字搜索素材

知识窗

1．使用项目面板中的工具

通过项目面板中的工具，可以有效地管理素材，如利用工具栏中的工具可以快速编辑素材，利用标签工具栏中的工具可以快速排列素材等。

2．使用文件夹

在 AE 中，可以利用文件夹来管理素材，并且创建的文件夹仅仅在 AE 中使用，它不会在本地磁盘上真正地创建一个文件夹。

当创建了一个文件夹后，可以在项目面板中将素材拖动到文件夹中，也可以将文件夹中的素材移动到别处。另外，单击文件夹左侧的小三角形按钮展开文件，选中需要移动的素材，将其拖动到目标位置即可。

3. 删除选择的项目

当导入的素材不符合场景需要，或者导入错误时，为了能够有效管理素材，可以将其删除。在 AE 中，用于删除项目的方法有多种：① 在项目面板中选择要删除的素材或者项目，依次执行"Edit"→"Clear"命令，即可将其删除；② 依次执行"File"→"Remove Unused Footage"命令，可以将项目面板中所有未使用的素材删除；③ 依次执行"File"→"Consolidate All Footage"命令，可以删除所有重复的素材，依次执行"File"→"Reduce Project"命令，可以删除项目中的 Composition 图像数目。

4. 查找素材

当项目面板中的素材、文件夹非常多时，要找到某个需要的对象可以使用查找功能。依次执行"File"→"Find"命令，即可弹出"Find"对话框，读者可以在其中输入要查找的关键词并进行查找。

5. 替换素材

在 AE 中，可以使用一个素材来替换另一个素材，在被替换的素材上所有的操作将被集成到新素材上。要执行替换操作，可以事先选择要替换的素材，依次执行"File"→"Replace Footage"命令，在弹出的"Replace Footage File"对话框中选择用于替换的新素材。

任务三　建立序列图层

任务描述

了解序列图层，并能够进行简单的动画操作。

任务分析

序列图层较难把握，要多花时间了解并掌握。

知识窗

Sequence Layer Keyframe Assistant（序列图层辅助关键帧）是 AE 中一个经常被忽略的编辑工具。Sequence Layer（序列图层）将按照选中图层的顺序将图层端对端地组织起来，从第一个被选中图层的入点开始。它甚至可以自动添加交叉淡入/淡出。图层可以包括不同大小和持续的影像或静态图像。常见用途是将一些静态图像安排在一个序列里，并使用它和一些视频剪辑片段尝试不同的场景顺序。

使用序列图层最简单的方法是将图层堆栈按照想要的图层顺序进行设置，不论是从上到下还是从下到上。选中将成为序列的第一层图层，要么按 Shift 键单击最后一个图层选择连续序列，要么按 Ctrl 键做非连续的选择。右击其中一个图层，或者执行"Keyframe Assistant"→"Sequence Layers"（"关键帧辅助"→"图层序列"）命令，如果不需要图层之间的重叠，则要确保"Overlap（重叠）"单选按钮未被选中并单击"OK"按钮（图层将沿着时间轴排成序列），继续用不同序列的图层进行试验，并进行 RAM 预览以选择自己最喜欢的一个。

如果要应用自动交叉淡入/淡出效果，则应选中"Overlay"单选按钮并设置重叠 Duration

（持续时间），可以选择叠加 Front Layer（前景图层）或者 Front and Back Layers（前景图层和后景图层）。这里所说的前和后，指的是合成中的堆栈顺序。

任务四　音视频格式转换

任务描述

了解 AE 可转换的音视频格式并了解它们的基本信息。

任务分析

AE 转换格式过多，难以全部掌握，记住常用格式的基本信息即可。

知识窗

1．动画格式

（1）AVI 是由 Microsoft 制定的 PC 标准视频格式。

（2）MPG 是运动图像压缩算法的国际标准，几乎所有的计算机平台都支持它。

（3）MOV 是 Macintosh 计算机上的标准视频格式，可以用 QuickTime 软件来打开。

（4）RM 是 RealNetworks 公司开发的视频文件格式，其特点是在数据传输过程中可以边下载边播放，实时性比较强，在 Internet 上广泛应用。

（5）ASF 是由 Microsoft 公司推出的，在 Internet 上实时播放的多媒体影像技术标准。

（6）FLC 是 Autodesk 公司的动画文件格式，它是一个 8 位动画文件，每一帧都是一个 GIF 图像。

2．图像格式

（1）JPEG 是采用静止图像压缩编码技术的图像文件格式，是目前网络上应用最广的图像格式，支持不同程度的压缩比。

（2）BMP 是在 Windows 中显示和存储的位图，可分为黑白、16 色、256 色和 24 位真彩色几种形式。

（3）GIF 图形交换格式形成了一种 8 位图像文件，多用于网络传输。

（4）PSD 是 Photoshop 的专用存储格式，它保留了 Photoshop 制作过程中各图层的图像信息，可以很好地配合 AE 使用。

（5）FLM 是 Premiere 输出的一种图像格式，可以在 Photoshop 中对其进行处理。

（6）TGA 主要用于将计算机生成的数字图像向电视图像转换，被国际上的图形图像工业广泛接受，成为数字化图像、光线跟踪和其他应用程序所产生的高质量图像的常用格式。

（7）TIFF 是 Aldus 和 Microsoft 公司为扫描仪和台式计算机出版软件开发的图像文件格式。

（8）WMF 是 Windows 图元文件格式，是一种以矢量格式存储的文件。

（9）DXF 是 AutoCAD 软件使用的图像文件格式。

（10）PIC 是用于 Macintosh QuickDraw 图片的格式。

（11）PCX 是一种基于 PC 绘图程序的专用格式。

（12）SGI 是基于 SGI 平台的文件格式，可用于 AE 7.0 与其 SGI 的高端产品之间的文件交换。

（13）RLA/RPF 是一种可以包括 3D 信息的文件格式，通常用于三维软件在特效合成软件中的后期合成。

3. 音频文件格式

（1）MID 是数字合成音乐文件。其文件小、易编辑，每分钟需要 5～10KB 的存储空间。

（2）WAV 是 Microsoft 推出的具有很高音质的文件格式，因为它未经压缩，故每分钟音频需要 10MB 的存储空间，它是用于将音频记录为波形文件的格式。

（3）Real Audio 是 Progressive Network 公司推出的文件格式。其文件压缩比大、音质高，便于网络传输。

（4）AIF 是 Apple 公司和 SGI 公司推出的声音文件格式，使用 QuickTime 打开。MP1、MP2、MP3 指的是 MPEG 压缩标准中的声音部分，即 MPEG 的音质层。根据压缩质量和编码复杂程度的不同，将之分为 3 层（MP1、MP2、MP3），MP1、MP2 压缩率为 4∶1、6∶1，而 MP3 的压缩率高达 10∶1，MP3 具有较高的压缩比，压缩后的文件音质比较接近原音的效果。

4. 常用音频压缩编码格式

常用音频压缩编码格式有 CD 格式、WAV 格式、MP3 格式、MIDI 格式、WMA 格式等。

虽然 AE 支持音频编辑，也自带了不少音频滤镜，但并不适合做高级音频编辑，这里不再赘述。

任务实施

（1）打开 AE，按 Ctrl+N 组合键，建立一个新的合成，如图 2-11 所示。

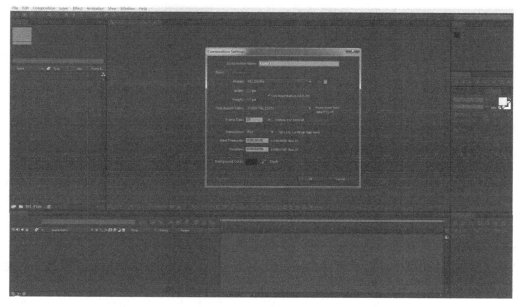

图 2-11　新建合成

数字影音处理（After Effects CS6）

（2）找到素材并导入，如图 2-12 所示。

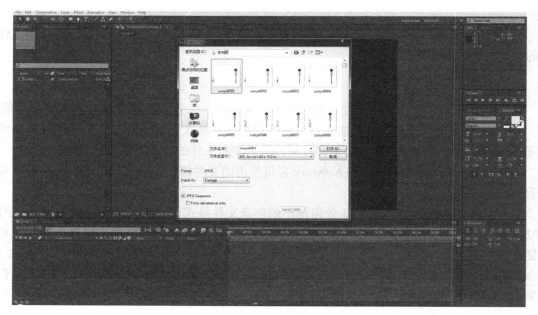

图 2-12　素材导入

　　序列文件导入方法：在导入素材对话框中，找到序列文件所在位置，选中第一张图片后可看到左下方的复选框被激活了，选中"JPEG Sequence"复选框，如图 2-13 所示。

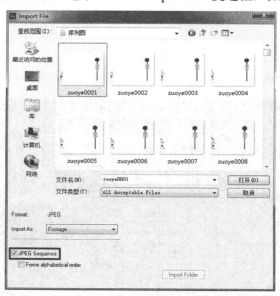

图 2-13　导入素材对话框

（3）将素材拖动到时间轴面板左边的空白处，如图 2-14 所示。
（4）在时间轴面板中对音乐素材进行编辑，按 Alt+[、Alt+]组合键进行音乐裁剪，完成后效果如图 2-15 所示。
（5）双击输出面板中的"Lossless"，在弹出的对话框中选择输出格式并进行导出，应选中"Audio Output"复选框，否则声音不会被输出，如图 2-16 所示。

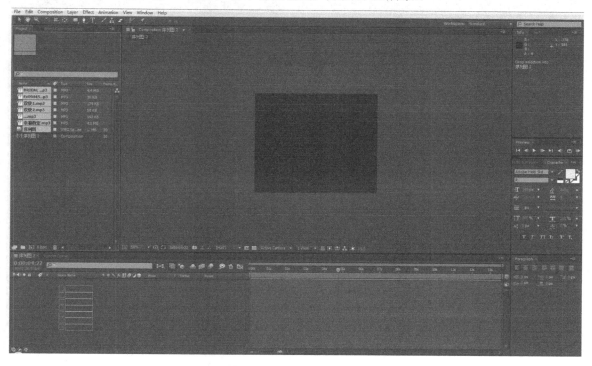

图 2-14　调整素材位置

图 2-15　编辑素材

数字影音处理（After Effects CS6）

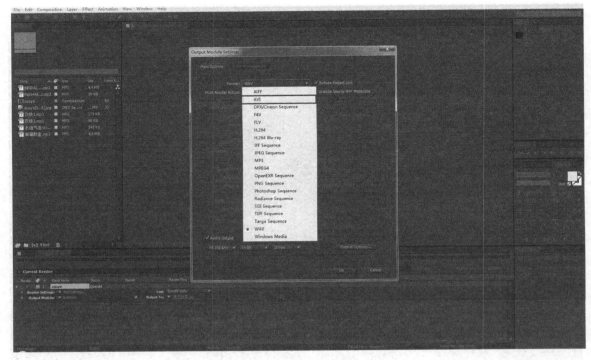

图 2-16　输出格式设置

（6）单击 Render Queue 右侧的"Render"按钮，开始渲染输出，如图 2-17 所示。

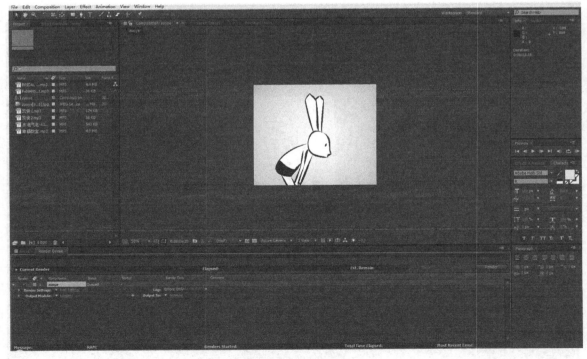

图 2-17　渲染输出

（7）渲染完成后在所选择的输出位置处找到该视频，即可欣赏自己的作品。

知识窗

在项目面板中双击某个素材项可以打开 Footage（素材）面板，如果素材是一个 QuickTime 影片，则在双击的同时应按 Option（Alt）键，否则会打开 QuickTime Player 窗口。当导入素材或者创建一个新合成时，会保存到当前选择的项目面板文件夹中。但 Bridge 除外，它会将素材放置在第一层目录中。Sequence Layer（序列图层）可以将图层按照端对端的形式排列起来，也能够以交叉重叠的形式进行淡入/淡出排列。

知识巩固

1. 填空题

（1）写出 4 个 AE 可以转换的视频格式：_____、_____、_____、_____。

（2）输出影片时，若要输出声音，则需要在格式输出面板中按_____键。

2. 简答题

（1）AE 搜集素材的途径有哪些？

（2）简述导入素材的 4 个方法。

拓展实训

为"花卉"视频添加音乐。

项目三

影视编辑

项目描述

展现几部经典卡通影片的剪辑，体会视频特效的强大功能。

项目分析

任务	浏 览 图	技术要点	任务	浏 览 图	技术要点
炫彩开篇		勾画、辉光	影视荟萃		贝塞尔弯曲
纷呈文字		CC 粒子仿真世界	偷梁换柱		曲线、Keylight（1.2）
动感字幕		镜头光晕	晒晒导演		文字层属性

续表

任务	浏 览 图	技术要点	任务	浏 览 图	技术要点
支离破碎	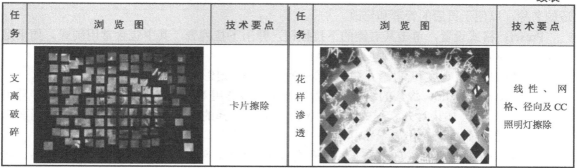	卡片擦除	花样渗透		线性、网格、径向及CC照明灯擦除

任务一　建立视频剪辑项目

任务描述

创建一个视频剪辑项目。

任务分析

了解建立视频剪辑的操作方法，对剪辑项目素材进行合理管理。

任务实施

（1）新建项目。打开 AE 后，系统会自动生成一个新项目，也可以执行"File"→"New"→"New Project"命令新建一个项目。所有的素材与合成都会在项目面板中显示，如图 3-1 所示。

（2）新建合成。新建合成有 3 种方法：一是在项目面板中单击"Create a New Composition"按钮；二是执行"Composition"→"New Composition"命令；三是在面板中右击，弹出快捷菜单，执行"New Composition"命令。新建合成时，系统会弹出"Composition Settings"对话框，名称为默认，参数设置如图 3-2 所示。

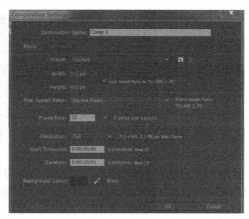

图 3-1　项目面板　　　　图 3-2　"Composition Settings"对话框

Composition Name：合成名称，用于设置或修改合成的名称，这里要尽可能重新设定合适的名称，以便于日后的管理和修改。

Preset：格式设置，单击其右侧的下拉按钮，弹出下拉列表，其中包含常用制式。如果是在我国国内播放的影视作品，则要选用 PAL 制式。

Width/Height：宽度和高度，这里以像素为单位来设定影片大小。

Pixel Aspect Ratio：像素的纵横比。数字影像一般选用 Square Pixels，这是因为在计算机中像素呈四角形。如果导入素材的纵横比例和合成中选择的纵横比例不同，则会出现画面无法充满显示器屏幕或者超出显示器屏幕等问题。

Frame Rate：帧速率，它决定了每秒播放的画面帧数。例如，制作一个 15 秒的作品，将帧速率设置为 1，则每秒显示 1 帧画面，15 秒一共显示 15 帧画面，虽然播放时间是 15 秒，但只显示 15 帧画面。

Resolution：设定分辨率，它控制了 Composition 面板中显示画面的精细程度。其中，有 Full（最高分辨率）、Half（1/2）、Third（1/3）、Quarter（1/4）和 Custom（自定义）5 个选项。

画面质量越低，预算速度越高；画面质量越高，细节越清晰。一般来说，当编辑的文件比较大时，普通机器最好选择低质量的画质进行操作，这样可以提高工作进度。当然，专业图形图像处理机器或者图形服务器可以忽略这个问题。

Start Time Code：时间码起点，一般是固定的，Timeline 几乎都是从 0 秒 00 帧开始的。

Duration：设置合成的时间长度。

Background Color：设置合成的背景颜色。

（3）导入素材。导入方法有 4 种：一是按 Ctrl+I 组合键；二是在项目面板中双击；三是执行"File"→"Import"→"File"命令；四是在项目面板中右击，弹出快捷菜单，执行"Import"→"File"命令。使用这 4 种方法之一在此项目中导入素材。

知识窗

1．帧的概念

影片是由连续的图片组成的，每一幅图片就是一帧。PAL 制式是每秒 25 帧图像，NTSC 制式是每秒 29.97 帧图像。PAL 制式因 FPS 和帧速率等格式自身的差异而不能与 NTSC 制式相互转换。所以，编辑器、显示器等影视制作设备都是分开生产的，通过这些设备进行操作时，为了确保不出问题，要正确区分 NTSC 和 PAL 制式。

2．素材的导入

如果选择 Composition 方式导入，则指将 PSD 文件以分层的方式导入，即原 PSD 文件中有多少层，就分多少层导入。导入后的所有图层都存储在一个与 PSD 文件相同文件名的文件夹中。同时，系统会自动创建一个同名的合成，双击该合成图标，在时间轴面板中可以看到 PSD 文件中所有层在 AE 中同样以图层的方式排列显示，并且可以单独对每个层进行动画操作。

导入的素材为动画序列图片时，应注意导入对话框下方的"Sequence"复选框，若选中该复选框，则导入连续的图片序列；若只想导入单张图片，则取消选中该复选框。

AE 可以直接导入 Photoshop 生成的 PSD 文件。当选择 PSD 文件时，在导入对话框下方有"Import As"选项，单击其右侧的下拉按钮，在弹出的下拉列表中会出现 3 种导入方式以供用户选择。

3. 拖动多个素材并新建合成

同时拖动几个素材到合成面板中，弹出"New Composition from Selection"对话框，其中包括如图 3-3 所示的几个选项。

（1）以用户选中的素材窗口为合成窗口的大小。

（2）"Still Duration"用于设置合成时间长度。

（3）选中"Sequence Layers"复选框后，素材会自动进行排序，如果不选中此复选框，则所有素材会挤在一起。

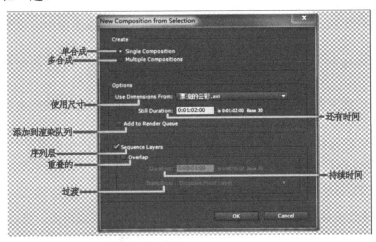

图 3-3 "New Composition from Selection"对话框

任务二 剪辑视频素材

任务描述

对导入的视频素材进行剪辑处理。

任务分析

有些素材需要进行截取、分割或更改播放速度等操作。

任务实施

（1）将视频拖动到合成面板中。

（2）双击合成面板中的视频，进入视频图层界面。

（3）将视频指示器拖动到 5 秒的位置，单击"设置入点到当前时间"按钮。

（4）将视频指示器拖动到 25 秒的位置，单击"设置出点到当前时间"按钮。

这样即可完成截取 20 秒视频的操作。

知识窗

1. 认识图层

（1）AE 中可以将层想象为透明的玻璃纸。它们一张张地叠在一起。如果层上没有图像，则可以看到底下的层。

（2）在层的工作模式中，总是优先显示处于上方的层。当该层中有透明或半透明区域时，将根据其不透明度来显示其下方的层。

（3）AE CS6.0 中，用户可以通过 5 种方式产生层：利用素材产生层；利用合成图像产生层；建立固态层；建立调节层；重组层。

① 利用素材产生层是将项目面板中导入的素材加入到合成图像中，以组成合成图像的素材层。

② 利用合成图像产生层是将合成图像作为一个层加入到另一个合成图像中。这种方式也称嵌套。

③ 建立固态层通常是为了在合成图像中加入背景、建立文本、利用遮罩和层属性建立简单的图形等。

④ 建立调节层是为其下方的图层应用效果，而不在图层中产生效果。

⑤ AE CS6.0 可以在一个合成图像中对选中的层进行嵌套，这种方式称为重组。

2. 剪辑素材的方法

方法一：将播放头移至目标位置，按住 Shift 键并将入点（或出点）拖动到与之对齐。

方法二：双击素材层，打开层预览窗口；将播放头移至目标位置，单击层预览窗口中的 或 按钮。

3. 分割素材的步骤

（1）将素材视频放到时间轴上。

（2）将播放头拖动到分割位置，执行"编辑"→"分离图层"命令。

（3）此时，可将一段素材分割成两段（两个图层）。

4. 图层速度控制（时间控制）

其作用是控制视频素材的剪辑、慢放、快放、倒放、重复及无级变速等效果。

素材的倒放操作步骤如下。

（1）将伸缩比例设为-100。

（2）执行"图层"→"时间"→"时间反向层"命令。

静止视频画面操作步骤如下。

（1）执行"图层"→"时间"→"冻结帧"命令。

（2）这时会在时间轴上添加"时间重置"的关键帧。

变速操作步骤如下。

（1）执行"图层"→"时间"→"启用时间重置"命令，产生首尾两个关键帧。

（2）在中间时刻添加"时间重置"的关键帧。

（3）为每个关键帧重新设置时间。

（4）指向关键帧，出现两个时间，前者为当前时间，后者为此帧重置前的时间（查看图表编辑器的速度图形）。

5．将素材文件转换为图层文件

将素材文件转换为图层文件有以下 3 种方法。

方法一：在项目面板中拖动素材到 Composition 图标上。

方法二：通过 Composition 预览窗口加载，即在项目面板中拖动素材到 Composition 预览窗口中。如果素材大小和 Composition 设置的尺寸不一样，则在拖动的时候不能完全匹配到 Composition 窗口的屏幕。在时间轴面板中选择素材，按 Ctrl+Alt+F 组合键即可解决此问题。

方法三：在项目面板中拖动素材到时间轴面板中。

使用上面介绍的 3 种方法中的任何一种均可完成图层的加载工作，其结果是一样的。通过 Composition 预览窗口和时间轴面板可以确认素材是否已经加载为图层。

除了以上方法之外，还有一种更快捷的方法，即直接利用快捷键加载图层。在项目面板中选择想要加载的素材，按 Ctrl+/组合 键即可。

任务三　视频滤镜运用

任务描述

对素材运用不同的滤镜，实现特殊效果。

任务分析

滤镜也就是特效。不同的滤镜可以得到不同的特效，不同的滤镜叠加，可以得到更多的特效。根据素材分别运用了粒子、模拟仿真、色彩校正、扭曲等滤镜特效。

任务实施

1．"炫彩开篇"的制作

（1）执行"Composition"→"New Composition"命令，弹出"Composition Settings"对话框，设置"Composition Name"为"炫彩开篇"，Width 为"632"，Height 为"352"，Frame Rate 为"25"，并设置 Duration 为"0：00：02：00"，如图 3-4 所示。

（2）执行"Layer"→"New Layer"→"Solid"命令，弹出"Solid Settings"对话框，设置 Name 为"光线 1"，Color 为黑色，如图 3-5 所示。

（3）在时间轴面板中，选择"光线 1"层，在工具栏中选择 Pen Tool，在图层中绘制一条路径，如图 3-6 所示。

（4）为"光线 1"层添加 Vegas 特效。在"Effect&Presets"（效果和预值）中展开"Generation"特效组，双击"Vegas"特效。

（5）在"Effect Controls：光线 1"面板中，修改 Vegas 特效的参数，设置 Stroke 为"Mask\Path"，展开"Segments"（分数段）选项组，设置 Segments 的值为"1"，将时间调整到 00：00：00：00 帧位置，设置 Rotation（旋转）的值为"0x-75.0°"，单击 Rotation 左侧的码表按钮，在当前位置设置关键帧，如图 3-7 所示。

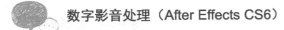

（6）将时间调整到 00：00：01：24 帧的位置，设置 Rotation 的值为"-1x-3.0°"，系统会自动设置关键帧，如图 3-8 所示。

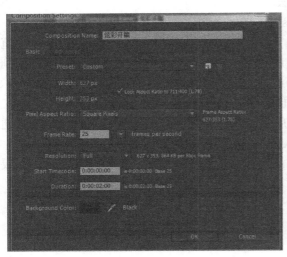

图 3-4 "Composition Settings"对话框

图 3-5 "Solid Settings"对话框

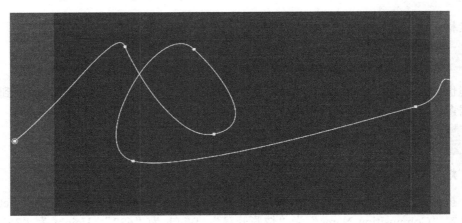

图 3-6 绘制路径

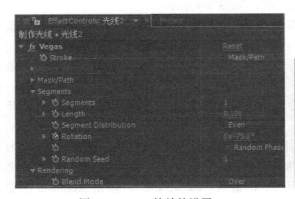

图 3-7 Vegas 特效的设置

图 3-8 Rotation 参数的设置

（7）展开"Rendering"选项组，设置 Color（颜色）为金黄色，Hardness（硬度）的值为 0.5，Start Opacity（开始点不透明度）的值为 0.9，Mid-point Opacity（中间点不透明度）的值为-0.4，如图 3-9 所示。

（8）为"光线 1"层添加 Glow（辉光）特效。在"Effect&Presets"中展开"Stylize"特效组，双击"Glow"特效。

（9）在"Effect Controls：光线 1"面板中，修改 Glow 特效的参数，设置 Glow Threshold（辉光阈值）的值为 25.0%，Glow Radius（辉光半径）的值为 10，Glow Intensity（辉光强度）的值为 4，从 Glow Colors（辉光颜色）下拉列表中选择"A&B Colors"选项，Color A（颜色 A）为红色（RGB 值为 235，142，42），Color B（颜色 B）为金黄色（RGB 值为 254，255，0），如图 3-10 所示。

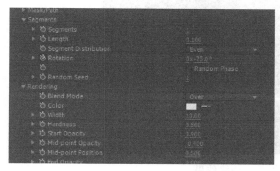 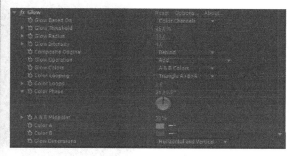

图 3-9　Rendering 参数的设置　　　　　图 3-10　Glow 特效的设置

（10）在时间轴面板中，选择"光线 1"图层，按 Ctrl+D 组合键复制一个新的图层，将该图层更改为"光线 2"，在"Effect Controls"面板中，修改 Vegas 特效的参数，设置 Length（长度）值为 1。展开"Rendering"选项组，设置 Width 的值为 10，如图 3-11 所示。

（11）选择"光线 2"层，在"Effect Controls：光线 2"面板中，修改 Glow 特效的参数，设置 Glow Radius（辉光半径）的值为 30，Color A（颜色 A）为蓝色（RGB 值为 0，149，254），Color B（颜色 B）为暗蓝色（RGB 值为 1，93，164），如图 3-12 所示。

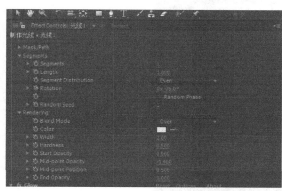

图 3-11　Rendering 参数的设置　　　　　图 3-12　光线 2 Glow 特效的设置

（12）在时间轴面板中，设置"光线 2"的 Mode（模式）为 Add（添加），如图 3-13 所示。最终效果如图 3-14 所示。

图 3-13　Mode 的设置

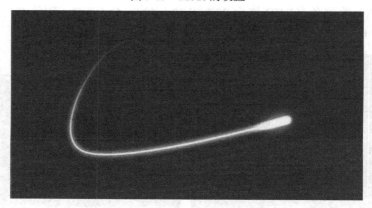

图 3-14　"炫彩开篇"最终效果

2."影视荟萃"的制作

（1）执行"Composition"→"New Composition"命令，弹出"Composition Settings"对话框，设置 Composition Name 为"影视荟萃"，Width（宽度）为"632"，Height（高度）为"352"，Frame Rate（帧速率）为"25"，并设置 Duration（持续时间）为"0：00：05：00"，如图 3-15 所示。

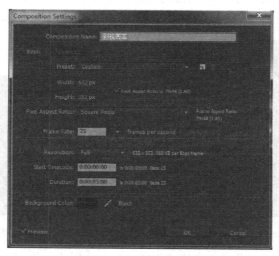

图 3-15　合成参数设置

（2）在项目面板中，选择"经典镜头"素材，将其拖动到"影片"合成面板中。

（3）在时间轴面板中，选择"经典镜头"层，将时间调整到 0：00：00：00 帧的位置，按 P 键打开"Position"属性，设置 Position 的值为（-1034.9，95.9），单击 Position 左侧的码表按钮，在当前位置设置关键帧，如图 3-16 所示。

图 3-16　属性设置

（4）将时间调整到 0：00：00：11 帧的位置，设置 Position 的值为（-770.5，215.7），系统会自动设置关键帧，如图 3-17 所示。

图 3-17　Transform 的设置

（5）将时间调整到 0：00：02：03 帧的位置，设置 Position 的值为（-286.2，139.8），系统会自动设置关键帧，如图 3-18 所示。

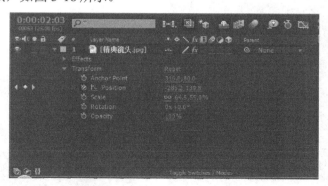

图 3-18　02：03 帧的 Position 设置

（6）将时间调整到 0：00：03：11 帧的位置，设置 Position 的值为（446.4，81.6），系统会自动设置关键帧，如图 3-19 所示。

（7）将时间调整到 0：00：04：23 帧的位置，设置 Position 的值为（946.0，222.5），系统会自动设置关键帧，如图 3-20 所示。

图 3-19　03：11 帧的 Position 的设置

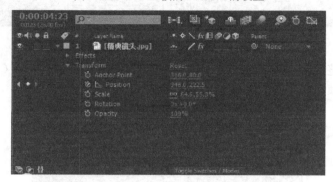

图 3-20　04：23 帧的 Position 的设置

（8）为"经典镜头"层添加 Bezier Warp（贝塞尔弯曲）特效。在"Effect & Presets 中展开"Distort"（扭曲）特效组，双击"Bezier Warp"特效。

（9）在"Effect Controls"面板中，修改 Bezier Warp 的参数，如图 3-21 所示。最终效果如图 3-22 所示。

图 3-21　Bezier Warp 参数设置

图 3-22　"影视荟萃"最终效果

3. "纷呈文字"的制作

（1）执行"Composition"→"New Composition"命令，弹出"Composition Settings"对

话框，设置 Composition Name 为"纷呈文字"，Width 为"632"，Height 为"352"，Frame Rate 为"25"，Duration 为"0：00：05：00"，如图 3-23 所示。

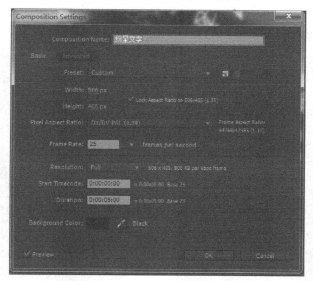

图 3-23　合成参数设置

（2）执行"Layer"→"New"→"Text"命令，新建文字层，此时合成窗口中有一个闪动的光标，在时间轴面板中显示一个文字层，如图 3-24 所示，输入"多啦 A 梦"。在 Text（文字）面板中设置文字字体为 Impact，字号为 43，字体颜色为金黄色（RGB 值为 255，246，0），如图 3-24 和图 3-25 所示。

图 3-24　时间轴面板

图 3-25　文字面板

（3）执行"Layer"→"New"→"Solid Layer"命令，弹出"Solid Settings"对话框，设置 Name 为"粒子"，Color 为黑色，如图 3-26 所示。

（4）为"粒子"层添加 CC Particle World（CC 粒子仿真世界）特效，在"Effects & Presets"中展开"Simulation"（模拟仿真）特效组，双击"CC Particle World"特效，如图 3-27 所示。

（5）在"Effects Controls"面板中，修改 CC Particle World 特效的参数，设置 Longevity（sec）的值为"1.29"。

（6）将时间调整到 0：00：00：00 帧的位置，设置 Birth Rate（生长速率）的值为"3.9"，单击 Birth Rate 左侧的码表按钮，在当前位置设置关键帧，如图 3-28 所示。

（7）将时间调整到 0：00：04：24 帧的位置，如图 3-29 所示，设置 Birth Rate 的值为 0，系统会自动设置关键帧。

图 3-26 "Solid Settings" 对话框

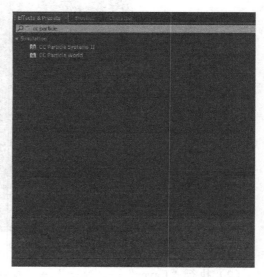

图 3-27 添加 CC Particle World 特效

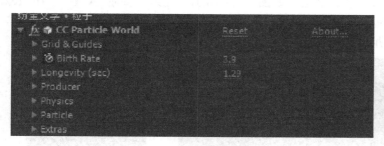

图 3-28 CC Particle World 参数设置

图 3-29 "Go to Time" 对话框

（8）展开"Producer"（生产点）选项组，设置 Radius X（X 轴半径)的值为"0.625"，Radius Y（Y 轴半径）的值为"0.485"，Radius Z（Z 轴半径）的值为"7.215"；展开"Physics"（物理性）选项组，设置 Resistance（重力）的值为 0，如图 3-30 所示。

（9）展开"Particle"（粒子）选项组，从"Particle Type"（粒子类型）下拉列表中选择"The Texture of Release"（纹理放行）选项，展开"Texture"（材质）选项组，从"Texture Layer"（材质层）下拉列表中选择"多啦 A 梦"选项，设置 Birth Size（生长大小）的值为"11.360"，Death Size（消逝大小）的值为"9.760"，如图 3-31 所示。

（10）为 Particle "粒子"层添加 Glow 特效。在"Effects & Presets"面板中展开"Style"（风格化）特效组，双击 Glow 特效，如图 3-32 所示。

（11）这样即完成了纷呈文字的整体制作，按小键盘上的 0 键，即可在合成窗口中预览动画，效果如图 3-33 所示。

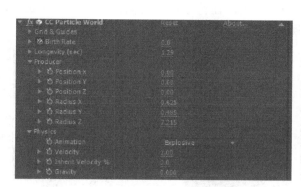

图 3-30　参数设置

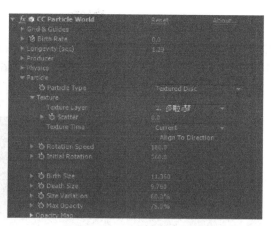

图 3-31　Particle 参数设置

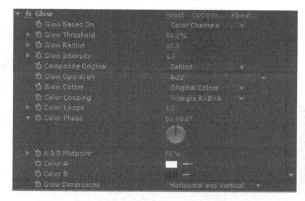

图 3-32　Glow 参数设置

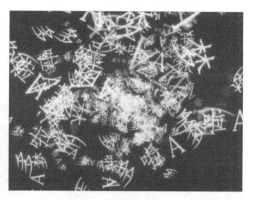

图 3-33　"纷呈文字"合成效果

4."偷梁换柱"的制作

（1）执行"Composition"→"New Composition"命令，弹出"Composition Settings"对话框，设置 Composition Name 为"偷梁换柱"，Width 为"632"，Height 为"352"，Frame Rate 为"25"，并设置 Deration 为"0：00：03：00"，如图 3-34 所示。

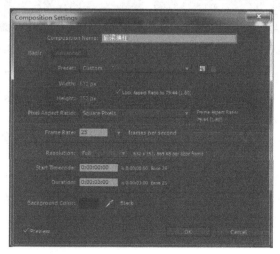

图 3-34　"Composition Settings"对话框

（2）为"背景"层添加 Curves（曲线）特效，在"Effect & Presets"面板中展开"Color Correction"（色彩校正）特效组，双击"Curves"特效，在特效控制台面板中，修改 Curves 特效的参数，如图 3-35 所示，效果如图 3-36 所示。

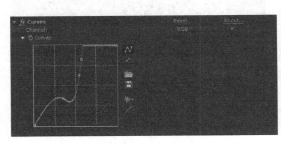

图 3-35　修改参数

图 3-36　Curves 效果图

（3）在"Effect & Presets"面板中展开"Color Correction"特效组，双击"Hue/Saturation"（色相/饱和度）特效，在特效控制台面板中，修改 Hue/Saturation 特效的参数，如图 3-37 所示，效果如图 3-38 所示。

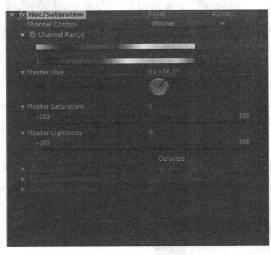

图 3-37　Hue/Saturation 的设置

图 3-38　Hue/Saturation 效果图

（4）在项目面板中选择要用到的素材，将其拖动到"背景替换"合成的时间轴面板中，选择 00001 层，为其添加 Keylight（1.2）特效，在"Effect&Presets"面板中展开"Keying"（键控）特效组，双击"Keylight（1.2）"特效。

（5）在"Effect Controls"面板中，修改 Keylight（1.2）特效的参数，设置 Screen Colour 屏幕色为绿色（RGB 值为 25，129，44），Screen Gain（屏幕增益）的值为"200.0"，Screen Balance（屏幕均衡）的值为"10.0"，如图 3-39 所示。

（6）这样就完成了利用 Keylight（1.2）特效制作背景转换效果的操作，按小键盘上的 0 键，即可在合成窗口中预览动画。最终的效果如图 3-40 所示。

图 3-39　Keylight（1.2）的参数设置

图 3-40　"偷梁换柱"合成效果图

知识窗

1. 色彩校正

色彩校正（Color Correction）也称色彩调整。在影视制作的前期拍摄中，拍摄出来的图片由于受到自然环境、光照和设备等客观因素的影响，有些拍摄画面与真实效果有一定的偏差，可能会出现偏色、曝光不足或者曝光过度的现象。这时必须对画面进行调色处理，最大限度地还原它的本来面目。而在 AE 等后期制作软件中，通过色彩校正的功能就可以实现此目标。

2. 模糊和锐化

使用模糊和锐化效果可使图像变得模糊和锐化。其中，包括 Channel Blur、Compound Blur、Fast Blur、Gaussian Blur、Motion Blur、Direction Blur、Radial Blur、Sharpen、Unsharp Mask。模糊效果是最常用的效果之一，也是一种简便易行的改变画面视觉效果的途径。动态的画面需要"虚实结合"，这样即使是平面合成的，也能给人空间感和对比感，更能让人产生联想，还可以使用模糊来提升画面的质量。所以，应该充分利用各种模糊效果来改善作品质量。

3．抠像技术

"抠像"即"键控技术"，在影视制作领域被广泛采用，实现方法也普遍被人们了解——当我们看到演员在绿色或蓝色构成的背景前表演时，这些背景在最终的影片中是见不到的，这就运用了键控技术，使用其他背景画面替换了蓝色或绿色，这就是"抠像"。当然，"抠像"并不是只能用蓝色或绿色，只要是单一的、比较纯的颜色均可，但是与演员的服装、皮肤的颜色反差越大越好，这样键控比较容易实现。如果是实时的"抠像"，则需要视频切换台或者支持实时色键的视频捕获卡。在 AE 中，实现键控的工具都在特效中。

4．扭曲

此类特效在 AE 中应用很广泛，本书不可能把其中所有的效果完全体现出来，这里只简要介绍。扭曲效果主要用来对图像进行扭曲变形，是很重要的一类画面特技。利用这些滤镜可以在不损失图像质量的前提下，对图像进行各种变形，甚至模拟出三维空间的画面效果。

5．通道

通道（Channel）相关特效在实际中非常有用，常与其他特效配合使用。通道效果用来控制、抽取、插入和转换一个图像的通道。通道包含各自的颜色分量（RGB）、计算颜色值（HSL）和透明值（Alpha）。

6．透视

透视（Perspective）用于制作各种透视效果，在简单的三维环境中放置图像，可以增加深度和调节 Z 轴。这部分效果是从 AE 4.0 以后加入的，由此可见 AE 正向三维合成努力。但它不像 Discreet Logic Effect 那样从根本上集成了三维合成，也不包括灯光、摄像机及画面产生的各种光感效果。Perspective 只提供了基本的三维环境中的几何变换，使用用户可以做出有"深度"的图像。

7．模拟

模拟（Simulation）中的 Particle Playground 应用综述：Particle Playground 即"粒子场"，也就是 AE 中的粒子效果。粒子在后期制作中的应用十分广泛，是高级后期制作软件的标志。可以使用粒子系统来模拟雨雪、火和矩阵文字等。其各参数的含义如下。

Cannon：设置粒子发射器。Position：定位粒子发射器。

Particles Per Second：每秒产生的粒子数目。Direction：粒子方向。

Direction Random Spread：方向随机性。Velocity：初始速度。

Velocity Random Spread：速度随机性。Color：粒子颜色。

Particle Radius：粒子半径。

8．文字

文字（Text）效果用于产生重叠的文字、数字（编辑时间码）、屏幕滚动和标题等。

9．风格化

风格化（Stylize）是一组风格化效果，用来模拟一些实际的绘画效果或为画面提供某种风格化效果。风格化效果包含笔触、描边、浮雕、发光、噪波等效果。

任务四　文字效果制作

任务描述

一部影片预告中通常会有片头或片尾字幕的介绍。

任务分析

为影片设计动感字幕效果。

任务实施

1. "动感文字"的制作

（1）执行"Composition"→"New Composition"命令，弹出"Composition Settings"对话框，设置 Composition Name 为"动感文字"，Width 为"632"，Height 为"352"，Frame Rate 为"25"，并设置 Deration 为 0：00：03：00，如图 3-41 所示。

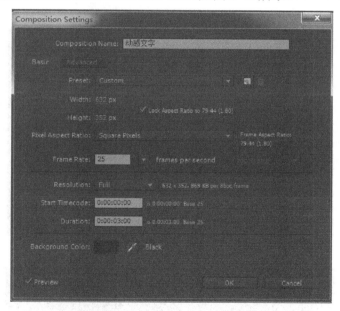

图 3-41　"Composition Settings"对话框

（2）执行"Layer"→"New"→"Text"命令新建文字层，此时，合成窗口中出现一个闪动的光标，时间轴面板中显示一个文字层，输入"The end"。在文字面板中，设置字体为 Adobe Devanagari，字号为 65，字体颜色分别设置为红、粉、蓝、绿、黄、红，如图 3-42 所示。

（3）将时间调整到 0：00：00：00 帧的位置，展开"The end"层，单击"Text"右侧的下拉按钮，在弹出的下拉列表中选择"Blur"（模糊）选项，设置 Blur 的值为（9.0，9.0），单击"Animator 1"右侧的下拉按钮，在弹出的下拉列表中选择"Scale"（缩放）和"Opacity"（不透明度）选项，设置 Opacity 的值为"0%"，Scale 的值为（183.5，287.8），展开 Text Animator

1 的"Range Selector1（范围选择器 1）Advanced（高级）"选项组，从"Shape"（形状）右侧的下拉列表中选择"Smooth"（光滑）选项，设置 Start（开始）的值为"100%"，End（结束）的值为"0%"，Offset（偏移）值为 0%，在"Effect Controls"面板中选中随机复选框，如图 3-43 和图 3-44 所示。

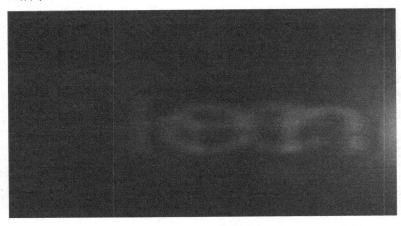

图 3-42　文字效果

图 3-43　Range Selector1 的设置

图 3-44　Scale 的设置

（4）在时间轴面板中，选中"The end"层，按 Ctrl+D 组合键复制一个新的图层，将该图层重命名为"The end2"，按 S 键打开 Scale（缩放）属性，单击 Scale 右侧的按钮，取消约束，设置 Scale 的值为（98，−61）；按 P 键打开 Position 属性，设置 Position 的值为（248.0，288.0），如图 3-45 所示；按 T 键打开 Opacity（不透明度）属性，设置 Opacity 的值为 13%。

图 3-45　参数设置

（5）执行"Layer"→"New"→"Solid"命令，弹出"Solid Settings"对话框，设置 Name 为"光晕"，Color 为黑色。

（6）将文字层和光晕层模式设置为"Add"，为"光晕"层添加 Lens Flare（镜头光晕）特效。在"Effect&Presets"面板中展开"Generate"特效组，双击"Lens Flare"特效，如图 3-46 所示。

图 3-46　Lens Flare 特效

（7）在"Effect Controls"面板中，修改 Lens Flare 特效的参数，从"Lens Type"（镜头类型）右侧的下拉列表中选择"150mm Prime"（105mm 聚焦）选项，将时间调整到 0：00：00：09 帧的位置，设置 Flare Center（光晕中心）的值为（−100.0，204.0），单击 Flare Center 左侧的码表按钮，在当前位置设置关键帧，如图 3-47 所示。

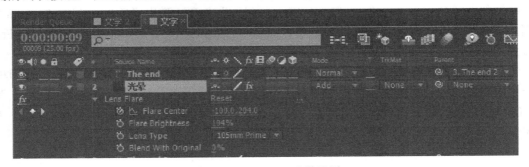

图 3-47　Lens Flare 参数设置

（8）将时间调整到 0：00：00：20 帧的位置，设置 Flare Center 的值为（839.0，204.0），系统会自动设置关键帧，如图 3-48 所示。

（9）为"光晕"层添加 Hue/Saturation 特效。在"Effect&Presets"面板中展开"Color Correction"特效组，双击"Hue/Saturation"特效。

图 3-48　设置关键帧

（10）在"Effect Controls"面板中，修改 Hue/Saturation 特效的参数，选中"Colorize"（色彩化）复选框，设置 Colorize Hue（色调）的值为 196.0，Colorize Saturation（饱和度）的值为 43，如图 3-49 所示。最终效果如图 3-50 所示。

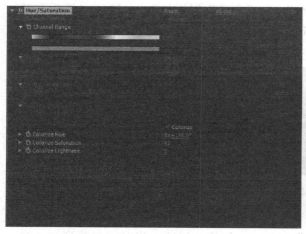

图 3-49　"Hue/Saturation"参数设置　　　　图 3-50　"动感文字"合成效果图

2．"晒晒导演"的制作

（1）执行"Composition"→"New Composition"命令，弹出"Composition Settings"对话框，设置 Composition Name 为"晒晒导演"，Width 为"632"，Height 为"352"，Frame Rate 为"25"，并设置 Deration 为"0：00：03：00"，如图 3-51 所示。

（2）执行"Layer"→"New Layer"→"Text"命令，新建文字层，此时合成窗口中出现一个闪动的光标，在时间轴面板中显示一个文字层，输入"总制片人 尚琳琳 陈英杰 黄紫燕 江宝珊"。在文字面板中，设置字体为"楷体"，字号为 45，字体颜色为黑色，如图 3-52 和图 3-53 所示。

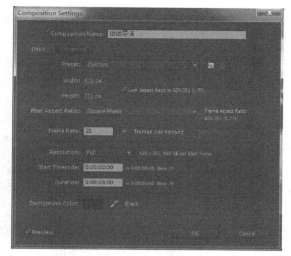

图 3-51 "Composition Settings" 对话框

图 3-52 输入文字

图 3-53 文字参数设置

（3）将时间调整到 0：00：00：00 帧的位置，展开文字层，展开"Transform"（变换）选项组，设置 Rotation（旋转）值为"0x+31.0°"。单击 Rotation 左侧的码表按钮，系统会自动设置关键帧，如图 3-54 所示。

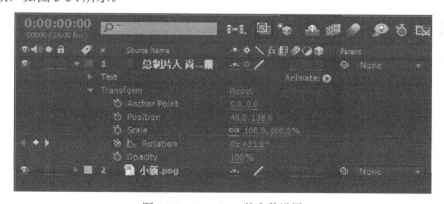

图 3-54 Transform 的参数设置

（4）将时间调整到 0：00：01：00 帧的位置，设置 Rotation 值为-13.0°。将时间调整到 0：00：02：24 帧的位置，设置 Rotation 值为 14.0°。

（5）其他影片导演字幕的制作方法同步骤 1）～步骤 3）。

（6）这样就完成了弹跳文字的整体制作，按小键盘上的 0 键，即可在合成窗口中预览动画。最终效果如图 3-55 所示。

图 3-55　"晒晒导演"合成效果图

知识窗

（1）字幕指以文字形式显示电视、电影、舞台作品中的对话等的非影像内容，也泛指影视作品后期加工的文字。将节目的语音内容以字幕方式显示出来，可以帮助听力较弱的观众理解节目内容。另外，字幕也能用于翻译外语节目，使不理解该语种的观众既能听见原作的声音，又能理解节目内容。

（2）文字图层右侧有一个 Animate（动画）下拉按钮，下拉列表中各选项表示的意义分别如下。

Enable Per-character 3D：逐字激活 3D。Anchor Point：定位点。Position：位移。Scale：缩放。Skew：倾斜。Rotation：旋转。Opacity：不透明度。All Transform Properties：所有变换。Fill Color：填充颜色。Stroke Color：秒变色。Stroke Width：描边宽度。Tracking：跟踪。Line Anchor：行定位。Line Spacing：行间距。Character Offset：字符偏移。Character Value：字符值。Blur：模糊。

任务五　视频转场特效运用

任务描述

为"卡通影视荟萃"的不同影视片段设置过渡效果。

任务分析

在为多个视频剪辑之间设置转场特效，使欣赏时影片过渡自然、效果美观。

任务实施

1. "支离破碎"的制作

（1）执行"Composition"→"New Composition"命令，弹出"Composition Settings"对

话框，设置 Composition Name 为"支离破碎"，Width 为"632"，Height 为"352"，Frame Rate 为"25"，并设置 Deration 为"0：00：03：00"，如图 3-56 所示。

（2）为"图 1"层添加 Card Wipe（卡片擦除）特效。在"Effects&Presets"面板中展开"Transition"（过渡）特效组，双击"Card Wipe"特效，如图 3-57 所示。

（3）在"Effect Controls"面板中，修改 Card Wipe 特效的参数，设置 Transition Width（切换宽度）的值为 15%，从 Flip Axis（反转轴）右侧的下拉列表中选择"Random"（随机）选项，从 Back Layer（渐变层）右侧的下拉列表中选择"1.图 1.png"选项。将时间调整到 00：00：00：00 帧的位置，设置 Transition Completion（变换完成度）的值为 100%，Card Scale（卡片比例）的值为 0.79，单击 Transition Completion 和 Card Scale 左侧的码表按钮，在当前位置设置关键帧。

（4）将时间调整到 0：00：01：00 帧的位置，设置 Card Scale（卡片比例）的值为"0.79"，系统将自动设置关键帧，如图 3-58 所示。

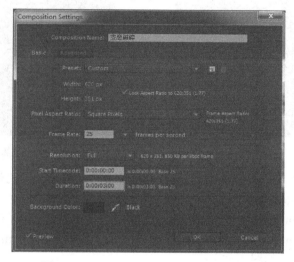

图 3-56　"Composition Settings"对话框

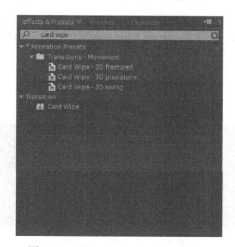

图 3-57　"Effects&Presets"面板

图 3-58　参数设置

（5）将时间调整到 0：00：04：24 帧的位置，设置 Transition Completion 的值为"0%"，设置 Card Scale 的值为"1.00"，系统将自动设置关键帧，如图 3-59 所示。

（6）展开"Camera Position"（摄像机位置）选项组，设置 Focal Length（聚焦）的值为"45.00"，将时间调整到 0：00：00：00 帧的位置，设置 Z Position（Z 位置）的值为"2.00"，单击 Z Position 左侧的码表按钮，在当前位置设置关键帧，如图 3-60 所示。

图 3-59　帧参数设置

图 3-60　设置 Z 位置的参数

（7）将时间调整到 0：00：01：00 帧的位置，设置 Z Position 的值为"1.30"，系统将自动设置关键帧，如图 3-61 所示。

（8）展开"Position Jitter"（位置振动）选项组，将时间调整到 0：00：00：00 帧的位置，设置 Z Jitter Amount（Z 振动量）的值为"0.00"，单击 Z Jitter Amount 左侧的码表按钮，在当前位置设置关键帧，如图 3-62 所示。

9）将时间调整到 0：00：01：00 帧的位置，设置 Z Jitter Amount 的值为"10.00"，系统将自动设置关键帧，如图 3-63 所示。

（10）将时间调整到 0：00：04：24 帧的位置，设置 Z Jitter Amount 的值为"0.00"，如图 3-64 所示。

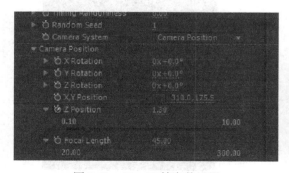
图 3-61　01：00 帧参数设置

图 3-62　Z 位置振动参数设置

图 3-63　01：00 帧 Z 振动量参数设置　　　　图 3-64　04：24 帧 Z 位置振动量参数设置

（11）将时间调整到 0：00：00：00 帧的位置，将"图 1"层上的所有关键帧复制到"图2"层上，这样就完成了卡片效果的整体制作，按小键盘上的 0 键，即可在合成窗口中预览动画。最终效果如图 3-65 所示。

图 3-65　"支离破碎"最终效果

2．"花样渗透"的制作

影视片段制作完成后，需要对它们进行合成，并制作片段之间的转场效果。

（1）新建"全部合成"合成组。执行"Composition"→"New Composition"命令，弹出"Composition Settings"对话框，设置 Composition Name 为"全部合成"，Width 为"632"，Height 为"352"，Frame Rate 为"25"，并设置 Duration 为"0：00：55：00"，如图 3-66 所示。

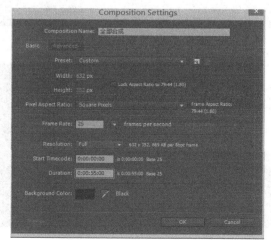

图 3-66　新建"全部合成"合成组

数字影音处理（After Effects CS6）

（2）将前面制作的几个合成分别拖动到新建的合成时间轴中。设置"炫彩开篇"的起始位置为 00：00：00：00，设置"影视荟萃"的起始位置为 00：00：00：00，设置"纷呈文字"的起始位置为 0：00：02：22，设置"偷梁换柱"的起始位置为 00：00：06：14，设置"支离破碎"的起始位置为 00：00：21：24，设置"动感文字"的起始位置为 00：00：39：12，设置"晒晒导演"的起始位置为 00：00：40：13。

（3）将"熊出没"视频拖入合成，开始位置为 00：00：09：03，结束位置为 0：00：22：04；将"功夫熊猫"视频拖入合成，开始位置为 0：00：26：22，结束位置为 00：00：37：05，如图 3-67 所示。

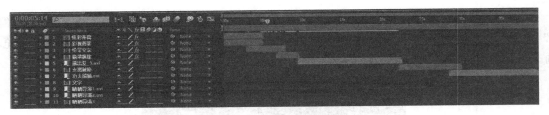

图 3-67　时间轴面板

（4）为"炫彩开篇"添加 Linear Wipe（线形擦除）特效。选择"炫彩开篇"图层，在"Effect&Presets"面板中展开"Transition"（过渡）特效组，双击"Linear Wipe"特效。

（5）在"Effect Controls"面板中，修改 Linear Wipe 特效的参数，将时间调整到 0：00：00：00 帧的位置，单击 Transition Completion（变换完成度）左侧的码表按钮，将时间调整到 00：00：01：09 帧的位置，将 Transition Completion 的值设置为"100%"。这样就完成了 Linear Wipe 特效的整体制作。线形擦除设置面板、效果如图 3-68 和图 3-69 所示。

图 3-68　线性擦除参数设置

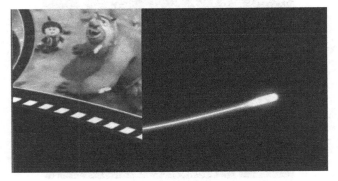

图 3-69　线性擦除效果图

054

（6）为"影视荟萃"添加 CC Gird Wipe（CC 网格擦除）特效。选择"影视荟萃"图层，在"Effect&Presets"面板中展开"Transition"特效组，双击"CC Gird Wipe"特效。

（7）在"Effect Controls"面板中设置 CC Gird Wipe 特效的参数，将时间调整到 00：00：03：24 帧的位置，设置 Completion（完成度）的值为 0，单击 Completion 左侧的码表按钮，将时间调整到 0：00：04：24 帧的位置，将 Completion 的值设置为"100%"。CC 网格擦除参数设置、效果如图 3-70 和图 3-71 所示。

图 3-70　CC 网格擦除参数设置

图 3-71　CC 网格擦出效果图

（8）为"纷呈文字"图层添加 Radial Wipe（径向擦除）特效。选择"纷呈文字"图层，在"Effect&Presets"面板中展开"Transition"特效组，双击"Radial Wipe"特效。

在"Effect Controls"面板中设置 Radial Wipe 特效的参数，将时间调整到 00：00：06：16 帧的位置，设置 Transition Completion（变换完成度）的值为 0，单击 Transition Completion 左侧的码表按钮。将时间调整到 00：00：07：12 帧的位置，将 Transition Completion 的值设置为"100%"。径向擦除参数设置、效果如图 3-72 和图 3-73 所示。

（9）为"偷梁换柱"图层添加 CC Light Wipe（CC 照明灯擦除）特效。选择"偷梁换柱"图层，在"Effect&Presets"面板中展开"Transition"特效组，为第一个视频添加 CC Light Wipe 特效。

在"Effect Controls"面板中设置 CC Light Wipe 特效的参数。将时间调整到 0：00：09：02 帧的位置，设置 Completion 的值为 0，单击 Transition Completion 左侧的码表按钮。将时间调整到 0：00：09：18 帧的位置，将 Completion 的值设置为"100%"。CC 照明灯擦除参数设

置、效果如图 3-74 和图 3-75 所示。

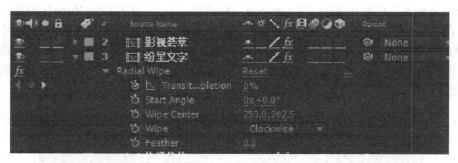

图 3-72　径向擦除参数设置

图 3-73　径向擦除效果图

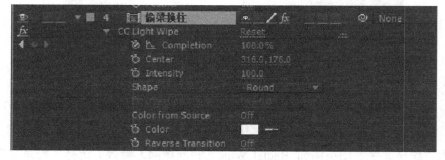

图 3-74　CC 照明灯擦除参数设置

图 3-75　CC 照明灯擦除效果图

除了使用转场效果实现视频之间的过渡外，还可以通过设置不透明度来实现视频图层的淡入淡出效果，方法如下。

（1）展开图层属性，显示 Transform（改变）之后再次将其展开，可显示很多选项，如图 3-76 所示。

图 3-76　各选项

（2）单击 Opacity（不透明度）左侧的码表按钮，系统会自动设置关键帧。其中，0%指完全透明，100%指完全不透明，在不同的时间帧处更改不透明度，可实现淡入淡出的效果。

（3）如果为多个视频设置相同的淡入淡出效果，则可以使用快捷方法，即选择已经设置好的效果的所有关键帧，按 Ctrl+C 组合键复制，选择要设置效果的视频，定位指针位置后按 Ctrl+V 组合键粘贴效果。选择视频图层，按 U 键可以快速显示关键帧。

知识梳理

本项目通过一个卡通影视集锦来介绍影视编辑的基本流程。本项目分为 5 个任务：建立视频剪辑项目、剪辑视频素材、视频滤镜运用、文字效果制作及视频转场特效运用。其中，主要学习了 Generation（生成）特效组中的 Vegas（勾画）特效，Glow（辉光）特效，Bezier Warp（贝塞尔弯曲）特效，CC Particle World（CC 粒子仿真世界）特效，Keylight（1.2）特效，Lens Flare（镜头光晕）特效，Card Wipe（卡片擦除）特效，Linear Wipe（线性擦除）特效，CC Light Wipe（CC 照明灯擦除）特效等。

知识巩固

1. 填空题

（1）在 AE CS6.0 中，新建合成有_____种方法。

（2）画面质量越低，运算速度越_____；画面质量越高，细节越_____。

（3）如果是在我国国内播放的影视作品，则要选用_____制式。

（4）在 AE CS6.0 中，用户可以通过 5 种方式产生图层：利用_____；利用_____；建立_____；建立_____；_____。

（5）_____控制了视频素材的剪辑、慢放、快放、倒放、重复及无级变速等效果。

（6）在项目面板中选择想要加载的素材，按_____键即可完成加载。

（7）_____效果用于生成重叠的文字、数字（编辑时间码）、屏幕滚动和标题等。

（8）_____即"键控技术"，在影视制作领域被广泛采用。

2. 简答题

（1）AE CS6.0 中新建合成的方法有哪几种？

（2）AE CS6.0 中导入素材有哪些方法？

（3）AE CS6.0 中如何剪辑素材？

（4）AE CS6.0 中如何分割素材？

拓展实训

（1）对给定的自然风景素材进行剪辑。

（2）根据给定的素材，制作"暮光之城.avi"效果，主要使用 Keylight（1.2）特效。

（3）使用给定的素材制作模糊特效、色彩校正、四角拉扯特效、渐变特效、抠图特效、柔滑特效、透视特效、下雪效果和马赛克特效。

（4）为给定的视频素材添加转场特效。

项目四

影视合成

项目描述

在本项目中，我们将从 5 个基本任务入手，初步接触 AE 的核心内容——合成与特效，为后期应用奠定基础。

项目分析

任 务	浏 览 图	技 术 要 点
基础动画制作——登堂入室		1. 素材的导入； 2. 素材的复制、调整等； 3. 关键帧的运用
运动跟踪效果制作——视频播放器		1. Cornet Pin（边角定位）； 2. 跟踪点的调整； 3. 透视跟踪应用

任　　务	浏　览　图	技　术　要　点
三维空间与摄像机 ——环绕立方体		1. 图层三维属性设置； 2. 多视图显示与操作； 3. 摄像机与空物体
常用视频特效制作 ——展开的卷轴		1. CC Cylinder 特效应用； 2. Drop Shadow 特效应用； 3. 遮罩动画制作
常用视频特效制作 ——老电影效果		1. 外置插件的安装； 2. Hue/Saturation 及 Curves 特效应用； 3. DE AgedFilm 插件应用。

任务一　基础动画制作

任务描述

　　本任务将制作一个推拉门模拟动画。这个动画虽然简单，却用到了图层、关键帧等基础操作，为后续复杂特效的制作与应用奠定了基础。

任 务	浏 览 图	技术要点
导入素材	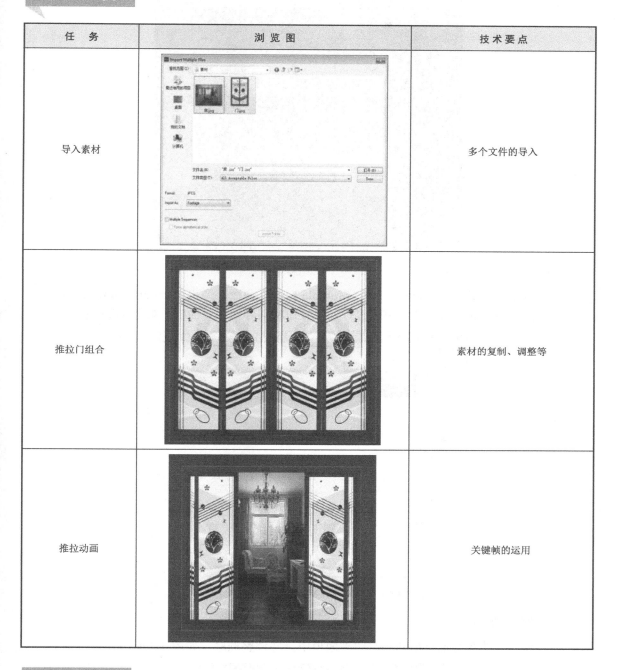	多个文件的导入
推拉门组合		素材的复制、调整等
推拉动画		关键帧的运用

任务实施

1. 导入素材

（1）打开 AE，执行"Composition"→"New Composition"命令，新建合成，参数设置如图 4-1 所示。

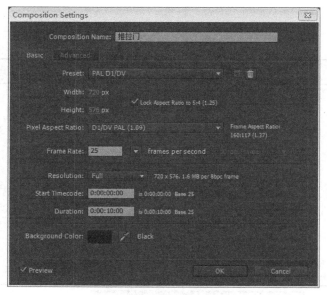

图 4-1　新建合成

（2）执行"File"→"Import"→"Multiple Files"命令，弹出"Import Multiple Files"对话框，选择要导入的素材图片，单击"打开"按钮将其导入项目面板，如图 4-2 所示。

图 4-2　"Import Multiple Files"对话框

2．推拉门组合

（1）将导入的图片素材拖动到时间轴面板中，并调整顺序，如图 4-3 所示。

图 4-3　导入素材并排列顺序

（2）取消"门.jpg"所在图层的显示，选择"房.jpg"所在图层，按 S 键，调整其 Scale 属性，如图 4-4 和图 4-5 所示。

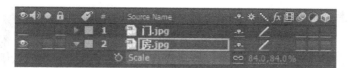

图 4-4　图层缩放参数设置

图 4-5　图层绽放效果

（3）将"门.jpg"所在图层重新显示并选中，单击工具栏中的"Rectangle Tool"（矩形工具）按钮，在合成窗口中绘制遮罩，效果如图 4-6 所示。

图 4-6　图层遮罩效果

（4）单击工具栏中的"Pan Behind （Anchor Point）Tool"按钮，调整定位点的位置，使其位于图形中心，如图 4-7 所示。

（5）按 Ctrl+D 组合键将该图层复制 3 次，并调整其位置，形成如图 4-8 所示的效果。

图 4-7 调整定位点位置

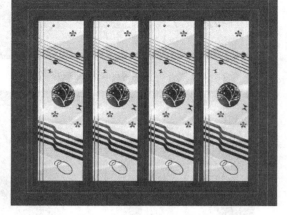

图 4-8 图层位置调整效果

（6）执行"Layer"→"Transform"→"Flip Horizontal"命令，将间隔图层进行水平翻转，效果如图 4-9 所示。

图 4-9 图层水平翻转效果

3．推拉动画制作

（1）在合成窗口中单击最左侧的图形，选中时间轴面板中的相应图层，在图层名称处按 Enter 键，将图层重命名为"左"。同样，将其他图层重命名，如图 4-10 和图 4-11 所示。

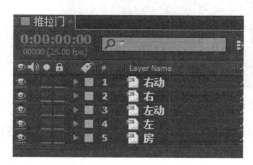

图 4-10 图层重命名（一）

图 4-11 图层重命名（二）

（2）选择"右动"图层，按 P 键，展开图层的 Position 属性，将 Current Time Indicator（当前时间指针）拖动到时间轴 0：00：02：00 处，单击关键帧记录按钮，记录当前位置关键帧；将时间调整到 0：00：03：00 处，调整"右动"图层位置使其与"右"图层重合，生成新关键帧；调整时间到 0：00：07：00 处，图层位置不变，添加关键帧；调整时间到 0：00：08：00 处，将"右动"图层调回初始位置，生成关键帧，效果如图 4-12 所示。

图 4-12 图层关键帧图示（一）

（3）以同样的方法，为"左动"图层添加关键帧，关键帧时间点同"右动"图层一样，如图 4-13 所示。

图 4-13 图层关键帧图示（二）

（4）按小键盘上的 0 键，对效果进行预览，最终效果如图 4-14 所示。

图 4-14 效果图

知识窗

1. 建立关键帧

对图层的不同属性设置关键帧可以建立动画。建立关键帧时首先要选中需建立关键帧的图层，并打开要建立关键帧的图层属性，然后将时间指针移动到要建立关键帧的位置，单击属性左侧的秒表图标，此时时间指针所处的位置就会显示关键帧。

2. 选择关键帧

选中单个关键帧单击关键帧即可。选择多个关键帧有 3 种方法：在时间轴面板中按住 Shift 键，单击要选择的关键帧；拖动并框选相应的关键帧；在图层属性面板中单击图层属性，可以选择该属性图层上的所有关键帧。

3．修改关键帧

选中要编辑的关键帧并右击，弹出快捷菜单，执行"Edit Value"命令，在弹出的对话框中进行修改即可；也可以双击关键帧，在弹出的属性设置对话框中进行修改。

4．移动关键帧

移动单个关键帧时只需选中关键帧，按住鼠标左键并将它拖动到目标位置即可，移动多个关键帧的方法与此相同，移动多个关键帧时，关键帧之间的相对位置保持不变。

5．复制关键帧

选中要复制的关键帧，执行"Edit"→"Copy"命令，然后将时间指示器移动至目标位置，执行"Edit"→"Paster"命令。

6．删除关键帧

选中要删除的关键帧，执行"Edit"→"Clear"命令，或者选中关键帧后按 Delete 键。

拓展实训

利用提供的素材，完成图示效果。

任务二　运动跟踪效果制作

任务描述

在影视制作的后期，我们会经常发现不符合要求的素材，通常需要追加一些遗漏的元素或对其进行修饰和加工。这就是我们将要掌握的运动跟踪功能。

任务分析

任 务	浏 览 图	技 术 要 点
素材导入	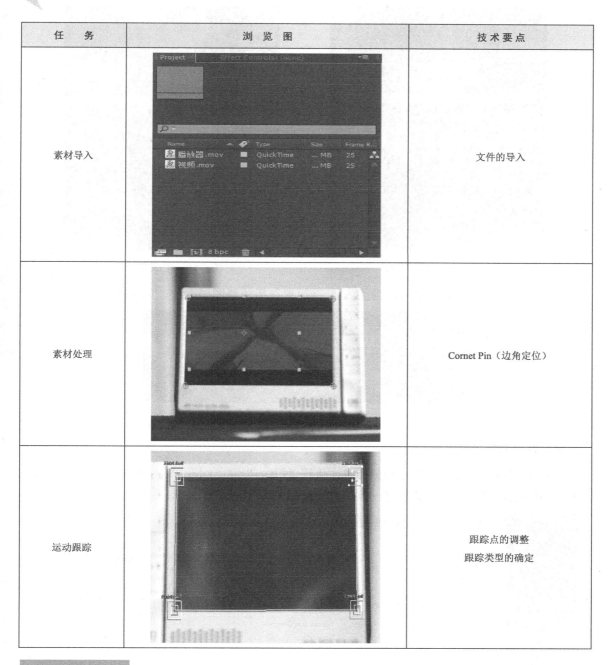	文件的导入
素材处理		Cornet Pin（边角定位）
运动跟踪		跟踪点的调整 跟踪类型的确定

任务实施

1. 素材导入

（1）启动 AE，在项目面板中导入素材，效果如图 4-15 所示。

（2）在项目面板中，将播放器素材拖动到"Create a New Composition"图标上，利用素材相关属性自动生成播放器合成，效果如图 4-16 所示。

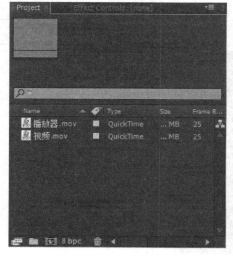

图 4-15　素材导入

图 4-16　生成合成

（3）将视频素材拖动到时间轴面板中，并放置在播放器图层上方，如图 4-17 所示。

图 4-17　调整图层位置

2．素材处理

选中视频图层并右击，弹出快捷菜单，执行"Effect"→"Distort"→"Corner Pin"命令，调整视频图层，使其与播放器屏幕一致，效果如图 4-18 和图 4-19 所示。

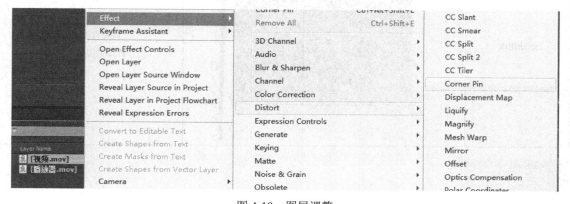

图 4-18　图层调整

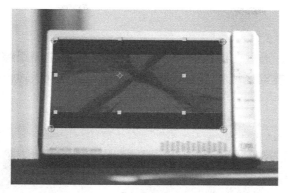

图 4-19 图层调整效果

3．运动跟踪

（1）选中播放器图层，执行"Animation"→"Track Motion"命令，打开"Tracker"面板，如图 4-20 所示。

（2）将 Track Type（跟踪类型）设置为"Perspective Corner Pin"（透视边角跟踪），调整 4 个边角至跟踪点，如图 4-21 所示。

图 4-20 "Tracker"面板   图 4-21 透视边角跟踪

（3）单击"Analyze"选项组中的"Forward"按钮，开始跟踪分析。如果分析过程中出现错误，则可单击"Reset"（重置）按钮重新进行分析，如图 4-22 所示。

（4）正向分析结束后，单击"Apply"（应用）按钮，完成运动跟踪设置。按 0 键预览效果，如图 4-23 所示。

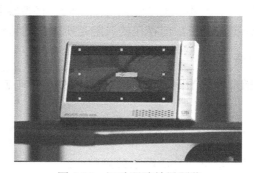

图 4-22 正向分析及重置   图 4-23 运动跟踪效果预览

数字影音处理（After Effects CS6）

知识窗

在运动跟踪效果中，通过在图层面板中设置跟踪点来指定要跟踪的区域。每个跟踪点包含一个特性区域、一个搜索区域和一个附加点，如图 4-24 所示。一个跟踪点集就是一个跟踪器。

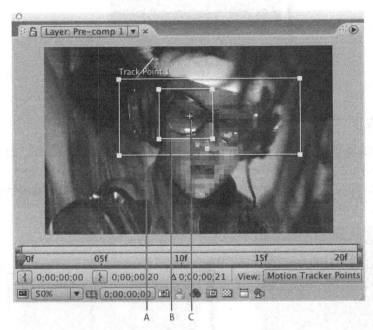

图 4-24　包含跟踪点的图层面板

1—搜索区域；2—特性区域；3—附加点

1．特性区域

特性区域定义了图层中要跟踪的元素。特性区域应当围绕一个与众不同的可视元素划分，最好是现实世界中的一个对象。不管光照、背景和角度如何变化，AE 在整个跟踪持续期间都必须能够清晰地识别被跟踪的特性。

2．搜索区域

搜索区域在 AE 中定义为查找跟踪特性而要搜索的区域。被跟踪特性只需要在搜索区域内与众不同即可，不需要在整个帧内与众不同。将搜索限制到较小的搜索区域可以节省搜索时间并使搜索过程更加轻松，但存在的风险是所跟踪的特性可能完全不在帧之间的搜索区域内。

3．附加点

附加点指定目标的附加位置（图层或效果控制点），以便与跟踪图层中的运动特性同步。

拓展实训

利用提供的素材，完成图示效果制作。

070

任务三 三维空间与摄像机

任务描述

在 AE 中,用户可以根据需要,利用二维平面素材进行位移、旋转、设置三维透视角度、应用灯光效果、设置阴影等,以形成一个广阔的立体展示空间。下面使用一个实例来展示 AE 中这一功能的使用。

任务分析

任 务	浏 览 图	技术要点
立方体的构建		图层三维属性 多视图显示与操作 旋转、位置属性调整
摄像机环绕动画		空物体图层的应用 图层父子关系 摄像机图层的设置

任务实施

1．立方体的构建

（1）打开 AE，新建合成，参数设置如图 4-25 所示。

（2）在时间轴面板的空白位置右击，弹出快捷菜单，执行"New"→"Solid"命令（快捷键为 Ctrl+Y），固态层参数设置如图 4-26 所示。

（3）重复步骤 2），依次新建 6 个固态层，分别命名为"上"、"下"、"左"、"右"、"前"、"后"，颜色可任意设置，激活图层的三维属性，如图 4-27 所示。

（4）在合成窗口的视图布局方式下将其调整为四视图显示，如图 4-28 所示。

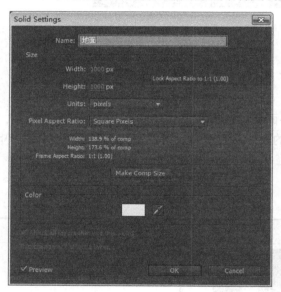

图 4-25　新建合成

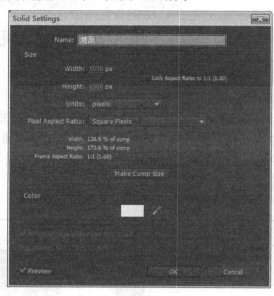

图 4-26　固态层参数设置

图 4-27　时间轴图层设置

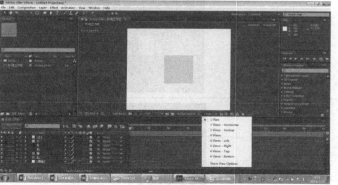

图 4-28　视图布局调整

（5）结合四视图调整各个图层的 Rotation、Position 参数，使其构成立方体，如图 4-29 所示。

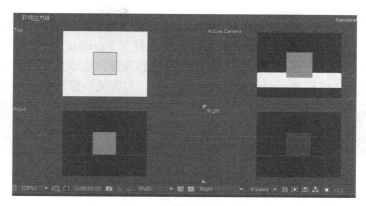

图 4-29　图层参数调整

2．摄像机环绕动画制作

（1）执行"Layer"→"New"→"Camera"命令，新建摄像机图层，各参数保持为默认值，如图 4-30 所示。

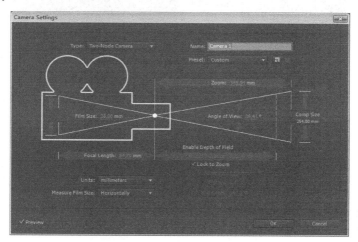

图 4-30　摄像机参数设置

（2）执行"Layer"→"New"→"Null Object"命令，新建空对象。激活空对象图层的三维属性，并调整空对象位置，使其与摄像机重合。

（3）将摄像机图层的 Parent（父对象）设置为空对象，如图 4-31 所示。

（4）调整空对象图层的定位点与立方体中心点重合，如图 4-32 所示。

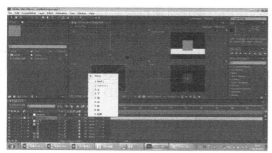

图 4-31　设置摄像机父对象

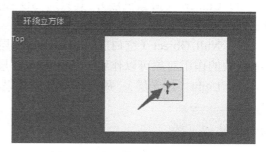

图 4-32　空对象定位点的调整

（5）将时间调整到 0：00：02：00 帧处，单击空对象 Y Rotation 属性的关键帧生成按钮，生成关键帧；调整时间到 0：00：04：00 帧处，将 Y Rotation 属性值调整为 1x+0.0°，调整时间到 0:00:05:00 帧处，单击空对象 Position 属性的关键帧生成按钮，生成关键帧；调整时间到 0:00:08:00 帧处，调整 Position 属性的 Y 坐标值，实现镜头推进效果，如图 4-33 所示。

图 4-33　空对象图层关键帧的设置

（6）按小键盘上的 0 键，预览效果，如图 4-34 所示。

图 4-34　最终效果预览

知识窗

图层类型及功能如下。

（1）Solid（固态层）：主要作用是为场景添加单色背景或在图层中添加特殊效果，目的是使其能与原素材进行合成与叠加。

（2）Adjustment Layer（调节层）：建立调节层的主要目的是使调节层上面的图层与其下面的图层更好地衔接与过渡。

（3）Camera（摄像机层）：其只对 3D 图层起作用，要使摄像机层起作用，必须开启图层的三维开关。

（4）Null Object（空白层，也称空物体层）：多用于替代某些东西，相当于一个替代品。某些特效的作用对象可以作用于 Null Object 层，然后将 Null Object 层关联到物体或图层中。

（5）Light（灯光层）：用于创建灯光效果，与摄像机层一样，只对 3D 图层起作用。

拓展实训

参照下图，完成三维空间特效制作。

要求：

（1）空间明暗变化；

（2）镜头运动变化；

（3）文字动态投影。

任务四　常用视频特效制作

任务描述

在栏目包装和宣传片制作中，经常要用一些视频特效来提升整个作品的质量。本任务学习如何利用 AE 制作特效动画——《展开的卷轴》，如图 4-35 所示。

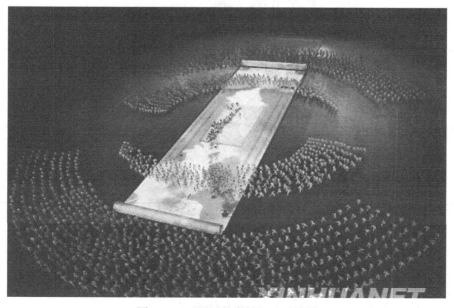

图 4-35　《展开的卷轴》动画效果

任务分析

任 务	浏 览 图	技 术 要 点
导入素材		多个文件的导入
卷轴自转		CC Cylinder Drop Shadow 图层的复制
卷轴水平移动		关键帧的运用
卷轴图片显示		遮罩关键帧的应用

任务实施

1. 导入素材

（1）打开 AE，新建合成，参数设置如图 4-36 所示。

（2）在项目面板中导入素材，如图 4-37 所示。

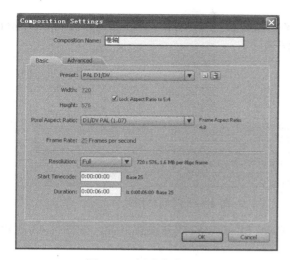

图 4-36 新建合成

图 4-37 素材导入

2. 制作卷轴自身转动效果

（1）将导入的素材 bj.jpg 拖动到时间轴面板中，如图 4-38 所示。

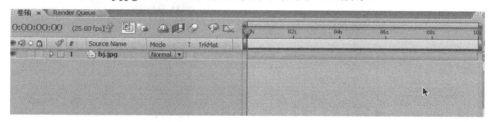

图 4-38 时间轴面板

（2）选择时间轴面板中的"bj.jpg"图层，按 Ctrl+D 组合键，对图层进行复制，并在复制的图层上按 Enter 键，修改图层名称为"右轴"，如图 4-39 所示。

（3）在"右轴"图层上右击，弹出快捷菜单，执行"Effect"→"Perspective"→"CC Cylinder"命令，为图层对象添加特效，并在特效控制面板中调整相关参数，如图 4-40 所示。

图 4-39 修改图层名称　　　图 4-40 CC Cylinder 参数设置

（4）在特效控制面板中，展开"Rotation"选项组，单击"Rotation Y"前面的关键帧记录按钮。在时间轴面板第 0 秒处将 Rotation Y 的值设置为 0x+ 0.0°，在第 4 秒处将 Rotation Y 的值设置为-2x +0.0°，如图 4-41 和图 4-42 所示。

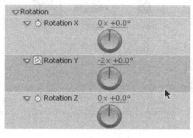

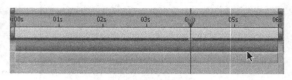

图 4-41　关键帧参数设置　　　　　　　　图 4-42　时间轴指针

（5）参考步骤 3）为"右轴"图层添加 Drop Shadow 特效并设置参数，如图 4-43 所示，完成"右轴"的制作。

（6）复制"右轴"图层，并重命名为"左轴"，在其特效控制面板中修改参数，如图 4-44 所示。

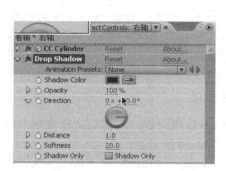

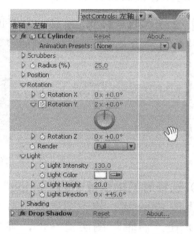

图 4-43　Drop Shadow 参数设置　　　　　图 4-44　"左轴"图层参数设置

3. 卷轴向两侧移动效果

（1）同时选中"左轴"与"右轴"图层，按 P 键，调整两个图层的位置，此时时间轴面板与合成窗口效果如图 4-45 和图 4-46 所示。

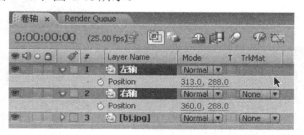

图 4-45　两个图层的位置调整

图 4-46　合成窗口

（2）将时间轴指针移动到第 0 秒处，分别单击"左轴"、"右轴"图层的位置关键帧记录按钮，设置初始关键帧。调整时间轴指针到第 4 秒处，将"左轴"、"右轴"移动到如图 4-47 所示的位置。

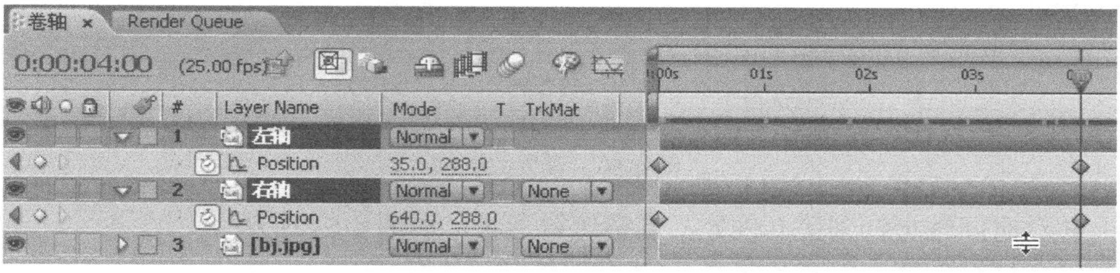

图 4-47　关键帧设置

在合成窗口中观看效果，如图 4-48 所示。

图 4-48　效果图

4．卷轴图片的运动效果

（1）选中"bj.jpg"图层，在图层上右击，弹出快捷菜单，执行"Mask"→"New Mask"命令，效果如图4-49所示。

图4-49　新建遮罩

（2）按M键，展开遮罩参数设置。单击"Mask Path"前面的关键帧记录按钮，设置关键帧，如图4-50所示。

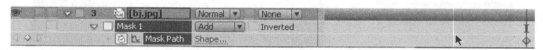

图4-50　设置关键帧

（3）移动时间轴指针到第0秒处，调整遮罩形状，如图4-51所示。

（4）按小键盘上的0键预览效果。

图4-51　调整遮罩形状

任务五　常用视频特效制作

任务描述

　　在特效制作过程中，我们还会接触到一些特殊功能的插件，它们操作简单、功能强大，往往能够让我们的制作速度和质量更快、更好。本任务主要学习其中的一款插件：DE AgedFilm。这是一款用来制作胶片效果的插件，利用它配合 AE 内置的调色插件，可以轻松制作出老电影效果，如图 4-52 所示。

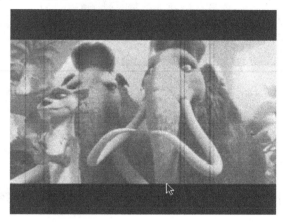

图 4-52　老电影效果欣赏

任务分析

任　务	浏　览　图	技　术　要　点
DE AgedFilm 插件的安装	E:\Program Files\Adobe\Adobe After Effects CS3\Support Files\Plug-ins 文件和文件夹任务 创建一个新文件夹 将这个文件夹发布到 Web 共享此文件夹 Effects　Extensions　Format　Keyframe AgedFilm.AEX	外置插件的安装方法与安装路径
对视频素材的调色处理	Hue/Saturation　Reset　About... Animation Presets: None Channel Control Channel Range Master Hue 0x +0.0° Master Saturation 0 -100　100 Master Lightness 0 -100　100 Colorize Colorize Hue 0x +59.0° Colorize Saturation 30 Colorize Lightness 0	Hue/Saturation 特效 Curves 特效

续表

任　务	浏　览　图	技术要点
DE AgedFilm 插件的使用		DE AgedFilm 插件各参数的说明

任务实施

1．DE AgedFilm 插件的安装

（1）打开提供的素材文件，在"AE 插件_老电影"文件夹中找到并复制 AgedFilm.aex 文件。

（2）在 AE 安装目录下找到 Plug-ins 子目录，粘贴 AgedFilm.aex 文件，如图 4-53 所示。

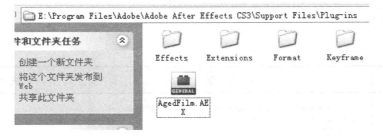

图 4-53　外置插件安装目录

注意

插件安装完成后，必须重新启动 AE，才能找到插件并使用。

2．对视频素材调色处理

（1）打开 AE，新建合成，参数设置如图 4-54 所示。

（2）在项目面板空白处双击，弹出"Import File"对话框，将视频素材"视频 1.avi"导入并拖放到时间轴面板中，如图 4-55 所示。

（3）在时间轴面板中，选择"视频 1"图层并按 S 键，打开图层比例缩放选项，调整参数值为 200%，如图 4-56 所示。合成窗口中的效果如图 4-57 所示。

图 4-54 新建合成

图 4-55 导入文件

图 4-56 图层缩放

（4）在"视频 1"图层上右击，弹出快捷菜单，执行"Effect"→"Color Correction"→"Hue/Saturation"命令，如图 4-58 所示。

图 4-57　合成窗口中的效果

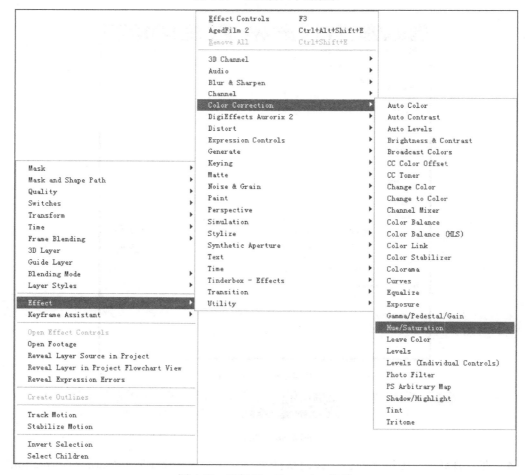

图 4-58　添加 Hue/Saturation 特效

（5）调整 Hue/Saturation 的相关参数，如图 4-59 所示。

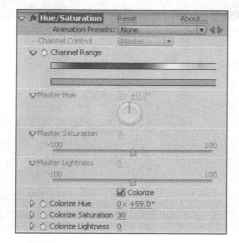

图 4-59 Hue/Saturation 参数设置

视频效果如图 4-60 所示。

图 4-60 视频效果

（6）参照步骤（4），继续为"视频 1"图层添加 Curves 特效，并调整曲线形状，如图 4-61 所示。效果如图 4-62 所示。

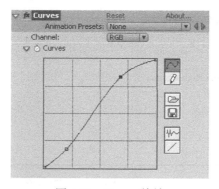

图 4-61 Curves 特效

数字影音处理（After Effects CS6）

图 4-62　调整 Curves 特效后的效果

3．DE AgedFilm 插件的使用

（1）在"视频 1"图层上右击，弹出快捷菜单，执行"Effect"→"DigiEffects Aurorix 2"→"AgedFilm 2"命令，如图 4-63 所示。

图 4-63　添加 DE AgedFilm 特效

（2）所有参数按照默认设置即可，效果如图 4-64 所示。

图 4-64　效果图

DE AgedFilm 主要参数说明如图 4-65 所示。

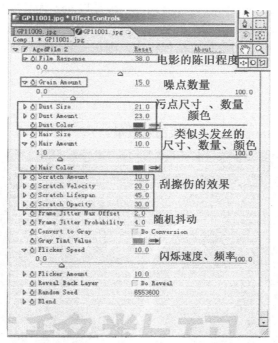

图 4-65　DE AgedFilm 主要参数说明

（3）按 Ctrl+M 组合键，在弹出的对话框中设置要导出视频的格式，并导出视频。最终效果如图 4-66 所示。

图 4-66　最终效果

知识窗

　　外置插件的安装：AE 的插件有两种形式，一种是以.aex 为扩展名的插件，一种是可执行程序的可安装插件。如果是以.aex 为扩展名的插件，则可以直接把这个插件复制到 AE 安装目录的 Suport/Files-Plugsin 中。如果是可执行程序，则在安装过程中，将插件的安装路径修改为上述路径即可。

拓展实训

　　安装 AE Trapcode Form 插件，并完成图示效果。

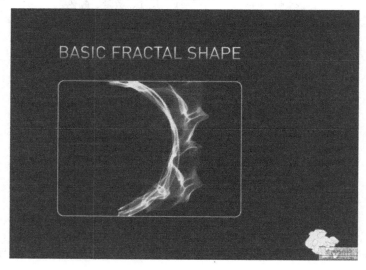

项目五

音频处理

项目描述

为前面制作好的卡通影视剪辑添加音效，学习 AE CS6.0 的声音处理的方法。

项目分析

任　务	浏　览　图		技　术　要　点
为开篇添加背景音乐			音频裁剪 低音与高音特效
为影片片段集锦添加背景音乐			Go to Time（时间帧跳转） Audio Levels（音频级别） 设置淡入淡出效果

续表

任　务	浏　览　图		技术要点
片尾视频添加背景音乐			Delay（延迟）特效

任务一　添加开篇背景音乐

任务描述

为卡通影视的开篇添加背景音乐并处理音频效果。

任务分析

对素材进行截取、分割，并设置低音与高音特效等。

任务实施

（1）新建"卡通影视音乐"合成，参数设置如图 5-1 所示。

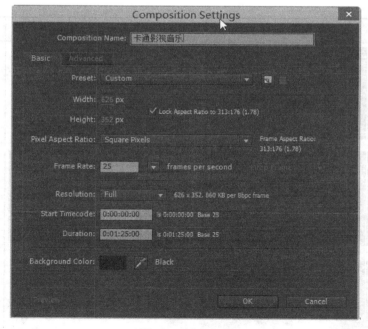

图 5-1　新建合成

（2）导入音频素材（开篇.wav、背景音乐.mp3、鸟鸣.mp3、欢快曲目.mp3）、视频（卡通影视集锦.avi）素材。

（3）将"卡通影视集锦.avi"视频拖动到"卡通影视音乐"合成中。

（4）将"开篇.wav"拖动到"卡通影视音乐"合成中。

（5）双击"开篇.wav"时间轴，进入其图层编辑界面。

（6）将时间调整到 0：00：04：20 帧处，单击"设置出点到当前时间"按钮，对音频进行截取，如图 5-2 所示。

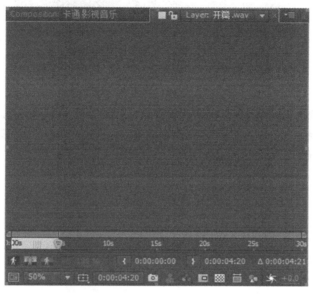

图 5-2 截取音频

（7）为"开篇.wav"层添加 Audio（音频）特效。在"Effect&Presets"面板中展开"Audio"特效组，双击"Bass & Treble"（低音和高音）特效。

（8）在时间轴面板中将时间调整到 0：00：00：00 帧处。将"Bass & Treble"面板中的Bass 设置为"78.67"，Treble 设置为"20.89"，单击"关键帧自动记录器"按钮，如图 5-3所示。

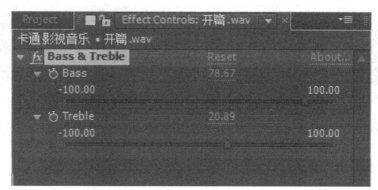

图 5-3 Bass & Treble 参数设置

（9）在时间轴面板中将时间调整到 0：00：03：17 帧处，将"Bass & Treble"面板中的Bass 设置为"−20.87"，Treble 设置为"20.89"，如图 5-4 所示。

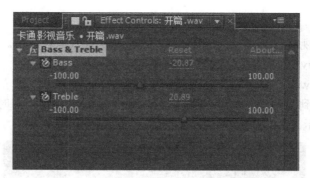

图 5-4　03：17 帧处 Bass & Treble 参数设置

知识窗

AE 中的声音或带声音的视频文件有一些特点，如声波图形或 Audio 属性。

（1）导入一个视频文件，如果观察到合成窗口下方出现了声波图形，如图 5-5 所示，则说明该视频素材携带有声者。

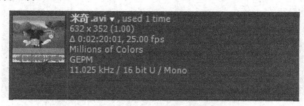

图 5-5　携带声音的视频素材

（2）所有音频图层，包括任何图层中带有的音频合成在时间轴面板中的 Audio/Video（音频/视频）开关栏中都带有一个扩音器图标。单击它可以开启或关闭音频。打开时间轴面板中图层的参数。如果片段既包含音频，又包含其他，则会看到一个叫做 Audio 的新项目。将它打开，可以显示 Audio Levels（音频电平）和 Waveform（波形）属性，如图 5-6 所示。如果片段只包含音频，所有的普通遮罩和变换就会缺失，并且 Audio 会成为能见到的唯一选项，如图 5-7 所示。

图 5-6　音频的属性

图 5-7　只有声音的素材

单击 Waveform 左侧的按钮将其展开。可以看到时间轴面板中出现了弯曲的线，这是对声音的直观表示。

要想更好地进行声音参数的设置，就要了解声音是如何产生、变化的。

1. 振动产生声音

如果要产生声音，就一定要有振动。这个振动可能来自于吉他弦的晃动，扬声器振膜的振动或者某人将电话扔向窗户而打碎的玻璃产生的振动。这些运动使空气振动，将空气推向或者使其远离我们。它们轮流推动耳膜，使它发生共鸣的变形。通过这种方式刺激耳朵的神经，最终使大脑相信产生了声音。

振动的格局和性质影响了我们所感受到的声音的特征。振动越强，声音就越强。基本的振动图样越快，声音的音调显然就越高。人类可以感知的振动频率为 20～20000Hz，比视频或者影片的帧速率快很多。

使用一个类似于耳膜的设备，在空气中截取振动以记录声音，典型的物品就是麦克风，可以将它们转变为类似振动模式的电信号。在计算机环境中，通过电信号进行数字化和抽样会使振动冻结。对于数字化的声音，它的瞬间水平（空气被推进和抽离麦克风时的强度）通过测量（采样）转化成一个数字（数字化），并将其保存到计算机内存中。

这个播放速度称为采样速率，这和帧速率大致相等。采样速率越高，高频率的捕捉越准确，这会使声音更容易理解，专业数码摄影机以 48000Hz 对音频进行采样，通常用 48kHz 表示。音频 CD 使用的采样频率为 44100（或者 44.1kHz），消费级 DV 使用 32kHz，专业音频可以使用 96kHz 或者 192kHz，低端的多媒体经常使用 22.020kHz。

定位音频参考点：当对声音添加视觉动画或者进行视觉编辑时，音频中最有趣的点一般是声音最大的点，如门关上的那一刻、闪电炸裂的瞬间、击鼓的一刹那，或者一个角色的悲叹逐渐加强的时候。通过寻找这些波峰，可知音频波形上更高的点在上升和下降两个方向，可以将其用做视觉编辑和特效关键帧的参考点。

2．音频电平

在 AE 中，所有带音频的图层都假设为立体声，在同一图层中包括左右声道。如果资源文件是单声道的（一个音频通道），AE 就会在内部复制这些音频，以便左右声道中有同样的声音。

用户可以更改图层的 Audio Levels（音频电平）或对其添加关键帧。这些值对一个普通的线性参数反应不同：Level（电平）最有用的值存在于标记 0 附近的一个小区域中。与 Scale（比例）或者 Opacity（不透明度）这样的参数不同，0 意味着没有改变而不是没有发生渲染。

编辑一个图层 Audio Levels 的一个原因是在多个音轨之间平衡相对音量。

声音的强度用分贝表示。分贝是一个很有影响力的度量，它和我们感知音量的方式关系最为密切。

3．混合音频

Audio Levels 对音频层的音量进行了修改，而不是设置，不要将它的值放在 dB 处，因为可能会将 Opacity 设置为 100%。如果音频录制时声音太轻柔，就会增加 Audio Level。如果录制时音量太大，则需减小它。可以给一个图层的音频电平添加动画以使它淡入或者淡出。另外，如果音量以一种转移的方式变化，如给定的词语声音太大或者太小，则可以为其添加动画进行补偿。

AE 使用电源导向分贝调节方式，以在 Level 关键帧中插入。这就导致从自然到有点突然的逐渐降低、逐渐升高再到听起来不自然，遇到这种问题时，可在 AE 中混合音频。

（1）使用 Stereo Mixer（立体混合器）特效给渐变和其他暂时音量的升高或降低添加动画。

（2）使用 Level 参数改变轨道的整个电平，使它和其他轨道平衡或者避免修剪。

重负荷机器特效替代了一个图层的 Level 参数。这样做的优点是它以线性缩放方式工作，这更容易理解并允许创建平滑的渐变。

4．修剪带有音频的图层

通常情况下，音频中的时间比单视频更短。这就使修剪小的噪声变得更加困难，如咂嘴的声音和爆破辅音。解决方法是暂时增加合成的帧速率（最大值为 99 帧/秒）并进行编辑，然后将合成的帧速率调整到普通视频的速率。

任务二　为影片片段集锦添加背景音乐

任务描述

为卡通影视的片段集锦添加并处理音频。

任务分析

有些素材需要添加截取、分割或淡入淡出效果等。

任务实施

（1）将"背景音乐.mp3"和"鸟鸣.mp3"拖动到"卡通影视音乐"合成中，并拖动它们的开始位置到 0：00：04：00 帧，如图 5-8 所示。

图 5-8　影片片段时间轴面板

（2）双击"背景音乐"图层中的时间轴，进入其图层界面，双击时间跳转设置，如图 5-9 所示，弹出"Go to Time"对话框，输入"0：03：00：00"，如图 5-10 所示。

图 5-9　双击时间跳转设置

单击"设置入点到当前时间"按钮，对音频截取剩余的后 37 秒音频。

（3）返回合成窗口，选中"背景音乐"图层，将时间调整到 0：00：04：00 帧的位置，在 Audio Levels（音频级别）左侧单击"关键帧自动记录器"按钮，添加关键帧。输入参数"-100.00"，将时间调整到 0：00：06：00 帧的位置，输入参数"0.00"，观察到时间轴上增加了两个关键帧，如图 5-11 所示。此时按住 Ctrl 键并拖动时间指针，可以听到声音由小变大的淡入效果。

图 5-10　"Go to Time"对话框

图 5-11　设置淡入效果

（4）将时间调整到 0：00：38：00 帧的位置，输入 Audio Levels 参数为"0.10"；将时间调整到 0：00：41：00 帧的位置，输入 Audio Levels 参数为"-100.00"。按住 Ctrl 键并拖动时间指针，可以听到声音由大到小的淡出效果。

知识窗

声音的监听时间、音量大小及长度可以进行控制，以得到更好的效果。

1．声音的监听

执行"Window"→"Time Controls"命令，在打开的 Time Controls 面板中确定声波图标为弹起状态。在时间轴面板中同样确定声波图标为弹起状态。按住 Ctrl 键，拖动时间指针，可以听到当前时间指针位置的音频。

执行"Edit"→"Preferences"→"Previews"命令，在"Audio Preview"（音频监听）选项组的"Duration"（持续时间）文本框中设置监听长度，如图 5-12 所示。

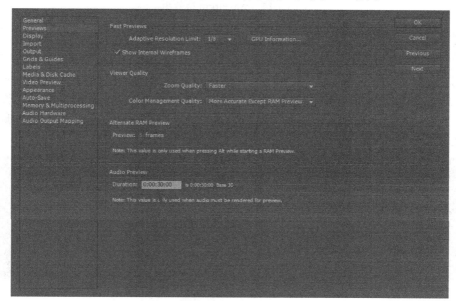

图 5-12　音频预览长度设置

2．调整声音

执行"Window"→"Audio"命令，打开"Audio"面板，在该面板中拖动滑块可以调整声音素材的总音量，分别调整左右声道的音量，如图 5-13 所示。

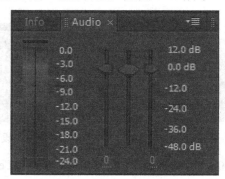

图 5-13 "Audio"面板

在时间轴面板中展开"Waveform"特效组，可以在时间轴中显示声音的波形。调整 Audio Levels 右侧的两个参数，可以分别调整左右声道的音量，如图 5-14 所示。

图 5-14 Waveform 特效组

3．声音长度的缩放

在时间轴面板底部单击 按钮，将控制区域完全显示出来。在"Duration"选项中可以设置声音的播放长度。在"Stretch"（伸展）选项中可以设置播放时长与原始素材时长的百分比，如图 5-15 所示。例如，将 Stretch 参数设置为 200.0%后，声音的实际播放时长是原始素材时长的 2 倍。注意，通过这两个参数缩短或延长声音的播放长度后，声音的音调也会随之升高或降低。

图 5-15 参数设置

任务三　为片尾视频添加背景音乐

任务描述

为卡通影视的片尾添加视频并处理音频效果。

任务分析

有些素材需要进行延迟、倒放或音频的调节处理等。

任务实施

（1）将"欢快曲目.mp3"拖动到"卡通影视音乐"合成中，并将时间调整到 0：00：39：00 帧处。

（2）将时间调整到 0：01：10：00 帧的位置，执行"Effect"→"Audio"→"Delay"命令，即可将该特效添加到特效控制面板中。各参数的设置如图 5-16 所示。至此，完成了音乐逐渐淡出延迟效果的设置。

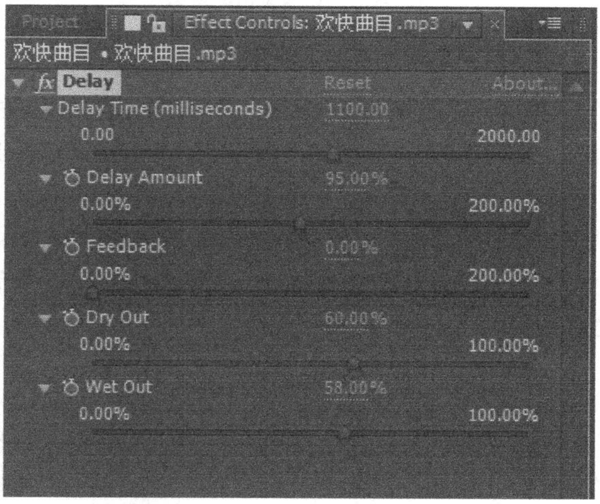

图 5-16　淡出延迟效果设置

（3）将时间调整到 0：00：41：00 帧的位置，在 Audio Levels 左侧单击"关键帧自动记录器"按钮，添加关键帧，输入参数为"-100.00"；将时间调整到 0：00：45：00 帧的位置，输入参数为"0.00"，观察到时间轴上增加了两个关键帧。此时按住 Ctrl 键并拖动时间指针，可以听到声音由小变大的淡入效果。

将时间调整到 0：01：20：00 帧的位置，输入 Audio Levels 参数为"0.10"；将时间调整到 0：01：25：00 帧的位置，输入 Audio Levels 参数为"-100.00"。按住 Ctrl 键并拖动时间指针，可以听到声音由大到小的淡出效果。

（4）渲染视频，设置输出音频。

完成作品后，如果直接导出，则没有音效。需在渲染面板中，打开 Lossless 属性，选中"Audio Output"复选框，单击"Render"按钮，开始渲染输出。

知识窗

AE 可以对音频进行剪辑、混合，并对音轨做一些基本的改进或者操作，AE 中提供的工具功能很好。它也可以驱动一些音频特效，包括 Backwards（倒播）、Bass & Treble（低音和高音）、Delay（延迟）、Flange & Chorus（变调和合声）、High-Low Pass（高低音过滤）、Modulator（调节器）、Parametric EQ（EQ 参数）、Reverb（回声）、Stereo Mixer （立体声混合）、Tone（音质）等。

1．声音倒放

执行"Effect"→"Audio"→"Backwards"命令，即可将倒放特效添加到特效控制面板中，实现声音反转倒放的效果，如图 5-17 所示。

图 5-17　Backwards 特效

2．声音的延迟

执行"Effect"→"Audio"→"Delay"命令，即可将该特效添加到特效控制面板中。它可将声音素材进行多层延迟来模仿回声效果，如制造墙壁的回声或空旷山谷中的回声。Delay Time（延迟时间）参数用于设定原始声音和其回声之间的时间间隔，单位为 ms（毫秒）；Delay Amount（延迟量）参数用于设置延迟音频的音量；Feedback（反馈）参数用于设置由回声产生的后续回声的音量；Dry Out（未处理输出）参数用于设置声音素材的电平；Wet Out（处理输出）参数用于设置最终输出的声波电平。

3．变调和和声

执行"Effect"→"Audio"→"Flange& Chorus"命令，即可将该特效添加到特效控制面板中，Flange（变调）效果产生的原理是将声音素材的一个副本稍作延迟后与原声音混合，这样就造成了某些频率的声波产生了叠加或相减，这在声音物理学中被称为"梳妆滤波"，它会产生一种"干瘪"的声音效果，该效果在电吉他独奏中经常被应用。当混入多个延迟的副本声音后会产生乐器的 Chorus（和声）效果。

在该特效设置中，Voices（声音个数）参数用于设置延迟的副本声音的数量，增大此值将使变调效果减弱而使和声效果增强；Modulation Rate（调节深度）参数用于设置副本声音的混合深度；Voice Phase Change（副本声音相位）参数用于设置副本声音相位的变化程度；Dry Out/Wet Out 参数用于设置未处理音频与处理后的音频的混合程度，如图 5-18 所示。

4．高通、低通滤波

执行"Effect"→"Audio"→"High-Low Pass"命令，即可将该特效添加到特效控制面板中。该声音特效只允许设定的频率通过，通常用于滤去低频率或高频率的噪声，如电流声。在 Filter Options（滤镜选项）选项组中可以选择使用 High Pass（高通）方式或 Low Pass

（低通）方式。Cutoff Frequency（频率截断）参数用于设置滤波器的分解频率，当选择 High Pass 方式滤波时，低于该频率的声音被滤除；当选择 Low Pass 方式滤波时，高于该频率的声音被滤除。Dry Out（未处理输出）参数用于调整渲染时，未处理的音频的混合量，设置声音素材的电平；Wet Out（处理输出）参数用于设置最终的输出声波电平，如图 5-19 所示。

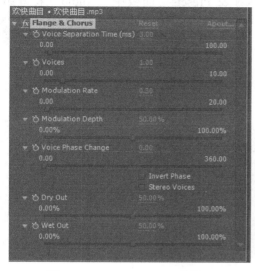

图 5-18　Flange& Chorus 特效

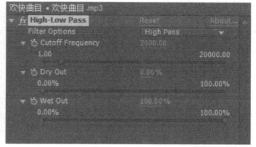

图 5-19　High-Low Pass 特效

5. 声音调节器

执行"Effect"→"Audio"→"Modulator"命令，即可将该特效添加到特效控制面板中。该声音特效可以为声音素材加入颤音效果。Modulation Type（变调类型）参数用于设定颤音的波形，Modulation Rate（变调频率）参数以 Hz 为单位设定颤音调制的频率的变化范围，Amplitude Modulation（振幅变调）参数用于设定颤音的强弱，如图 5-20 所示。

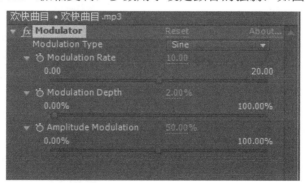

图 5-20　Modulator 特效

知识梳理

本项目主要学习了有关声音的知识和一些音频特效，包括 Backwards（倒播）、Bass & Treble （低音和高音）、Delay （延迟）、Flange & Chorus（变调和和声）、High-Low Pass（高低音过滤）、Modulator （调节器）、Parametric EQ（EQ 参数）、Reverb（回声）、Stereo Mixer（立体声混合）、Tone（音质）等。

知识巩固

填空题

（1）要更改声音的高低，可以使用"Effects & Presets"面板中"Audio"特效组中的_____特效。

（2）Audio 包括_____和_____属性。

（3）设置音频的淡入淡出效果可以更改_____参数。

（4）将声音素材进行多层延迟来模仿回声效果使用的是_____特效。

拓展实训

（1）为影片开头设置淡入效果。

（2）为影片添加两种声音的合成效果。

影视栏目包装

项目描述

　　本项目主要讲解栏目包装，通过运用特效和 AE 软件的基础动画，制作出符合栏目要求的片头、片尾动画。了解电视宣传片、栏目包装等商业作品的表现。通过整个栏目的制作，了解制作一个栏目的流程和技能要点。

项目分析

任 务	浏 览 图	技术要点	任 务	浏 览 图	技术要点
片头		矩形工具、遮罩、形状图层、阴影特效、钢笔工具、文字动画	片尾		3D 文字动画预置
过渡转场一		Transition（过渡转场）、Radial Wipe（射线擦除）、Audio（音频）、Audio Levels（音频级别）	过渡转场二		Venetian Blinds（百叶窗）、Block Dissolve（块面溶解）、Audio（音频）、Audio Levels（音频级别）

续表

任 务	浏 览 图	技术要点	任 务	浏 览 图	技术要点
字幕制作一		文字工具、图层位置属性	字幕制作二		文字工具、图层位置属性

任务一　点歌台片头、片尾制作

任务描述

制作点歌台栏目的片头、片尾。此片给人以卡通、简约的味道，让每一位观众都有回到童年的感觉。时光之轮在不停地旋转，而我们却一直奔波在人生的道路上，有时我们需要回头看看，听听童年时的声音，这就是这个节目要传递的思想。

任务分析

了解建立栏目片头、片尾的相关知识，运用 AE 制作节目的片头和宣传片的影视效果。

任务实施

1．片头制作

1）背景的制作

（1）打开 AE，系统会自动生成一个新项目，也可以执行"File"→"New"→"New Project"命令，新建一个项目，如图 6-1 所示。

图 6-1　新建项目

（2）执行"Composition"→"New Composition"命令，弹出"Composition Settings"对话框，设置 Composition Name 为"beijing"，Width 为"720"，Height 为"576"，Frame Rate 为"25"，并设置 Duration 为"0：00：20：00"，如图 6-2 所示。

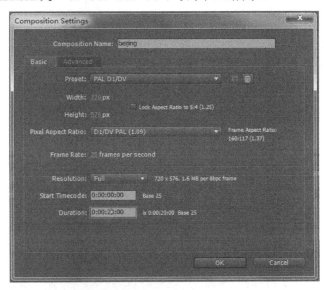

图 6-2　新建合成

（3）在工具栏中选择矩形遮罩工具，或按 Q 键，修改 RGB 颜色值为（80，240，250），在合成窗口中绘制一个矩形——Shape Layer，使其充满整个合成窗口，效果如图 6-3 所示。

图 6-3　绘制背景后的效果

（4）修改工具栏中的"Fill"（填充）颜色为#FOFF46，在合成窗口中间绘制圆形。时间轴面板中自动生成"Shape Layer 2"，如图 6-4 所示。

（5）选中"Shape Layer 2"图层，为"Shape Layer 2"图层添加 Shadow 特效。在"Effects&Preset"面板中展开"Perspective"（透视）特效组，双击"Radial Shadow"特效，参数设置如图 6-5 所示。

（6）选中"Shape Layer 2"图层，按 Ctrl+D 组合键，修改大小，颜色依次修改为

数字影音处理（After Effects CS6）

#EAFF00、#9CFF6C、#FFB955，如图 6-6 所示。

图 6-4　绘制圆形后的效果

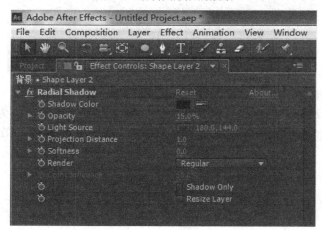

图 6-5　参数设置

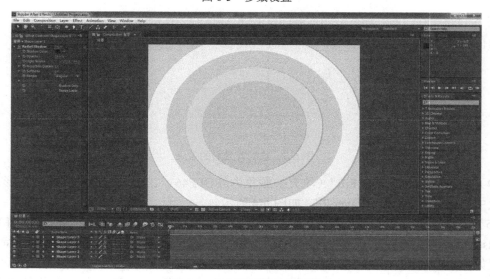

图 6-6　绘制不同颜色的椭圆

（7）执行"Layer"→"New"→"Shape Layer"命令，选择钢笔工具或按 G 键，修改颜色为白色，改变图层"Transparency"不透明度为 60%。绘制三角形，即 Shape Layer 6，如图 6-7 和图 6-8 所示。

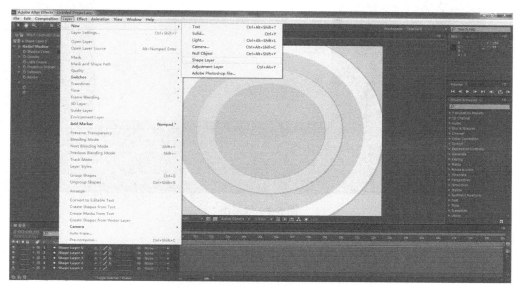

图 6-7　新建形状图层

图 6-8　修改图层的不透明度参数

（8）设置"Shape Layer 6"的图层属性"Rotation"或按 R 键。在 0：00：00：00 帧处，设置参数"Rotation"为"0x + 240.0°"，并单击码表按钮。在 0：00：06：00 帧处，设置参数"Rotation"为"3x + 259.0°"。

（9）制作背景后面转动的"半圆"。复制"Shape Layer 2"图层，调整其大小，设置 RGB 颜色值为（80，240，250），被复制的图层名为"Shape Layer 7"，位于形状图层"Shape Layer 2"上面，在"Shape Layer 7"形状图层上，用钢笔工具建立遮罩。设置"Shape Layer7"图层的"Rotation"属性或按 R 键，在 0：00：00：00 帧处设置参数"Rotation"为"0x－14.6°"，并单击码表按钮。

（10）在 0：00：06：00 帧处设置参数"Rotation"为"6x + 0.0°"，效果如图 6-9 所示。

数字影音处理（After Effects CS6）

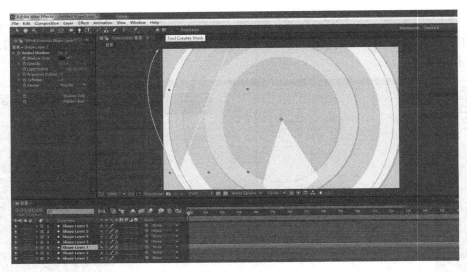

图 6-9　效果图

（11）背景制作完成后的效果如图 6-10 所示。

图 6-10　背景效果图

2）文字特效

（1）执行"Composition"→"New Composition"命令，弹出"Composition Settings"对话框，设置 Composition Name 为"文字"，Width 为"720"，Height 为"576"，Frame Rate 为"25"，并设置 Duration 为"0：00：10：00"，如图 6-11 所示。

（2）单击工具栏中的▥按钮，输入文字"LAI MUSIC SONG SATS"，并命名图层为"英文"。在文字面板中，设置字体为 FZShuTi，字号为 70，字体颜色为白色，参数设置及效果如图 6-12 和图 6-13 所示。

（3）为"英文"图层设置 Shadow（阴影）特效。在"Effects&Presets"面板中展开"Perspective"特效组，双击"Shadow"→"Bevel Alpha"（斜面 Alpha）特效，效果如图 6-14 所示。

106

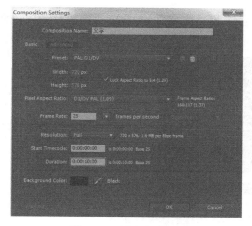

图 6-11 新建合成

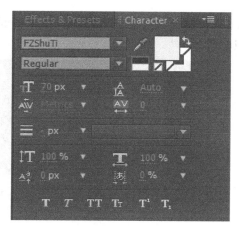

图 6-12 文字面板参数设置

图 6-13 文字输入效果

图 6-14 文字特效

（4）设置"英文"图层的属性，按 S 键，在 0：00：00：00 帧处设置 Scale 的参数，如图 6-15 所示。

（5）在 0：00：04：20 帧处，设置 Scale 为"90.0，90.0%"；在 0：00：05：00 帧处，设置 Scale 为"100.0，100.0%"。

数字影音处理（After Effects CS6）

（6）新建合成，命名为"1"，把"背景"合成和"文字"合成拖动到"1"中，效果如图 6-16 所示。

图 6-15　文字图层比例参数设置

图 6-16　合成效果

（7）单击工具栏中的 T 按钮，输入文字"赖上音乐"，并命名为"中文"，添加 Shadow 特效。参数设置和效果如图 6-17 所示。

图 6-17　输入文字后的效果

（8）在"中文"图层上按 P 键，修改其位置，并设置关键帧，如图 6-18～图 6-20 所示。

图 6-18 修改关键帧位置

图 6-19 关键帧位置参数设置（一）

图 6-20 关键帧位置参数设置（二）

（9）导入声音，在 0：00：00：00 帧处单击预览控制台面板中的按钮实现相应操作。

（10）在"1"合成中，导入"老照片"素材，执行"Animations Presets"→"Transitions"
→"Dissolves"→"Dissolves Blobs"命令，并调整关键帧的位置，如图 6-21 所示。

图 6-21 调整关键帧位置

（11）在 0：00：00：00 帧处按 Space 键，完成片头的制作。

2．片尾制作

（1）打开 AE，系统会自动生成一个新项目，也可以执行"File"→"New"→"New
Project"命令，新建一个项目。

（2）执行"Composition"→"New Composition"命令，弹出"Composition Settings"对

话框，设置 Composition Name 为"片尾"，Width 为"720"，Height 为"576"，Frame Rate 为"25"，并设置 Duration 为"0：00：10：00"。

（3）导入图片"背景"和歌曲"音乐 1"，拖动到"片尾"合成中，如图 6-22 所示。

图 6-22　导入素材

（4）输入文字"导演　姚文若"，颜色为#3F4F07，字体大小为 96，字体为 FZShuTi，其他设置不变，参数如图 6-23 所示，效果如图 6-24 所示。

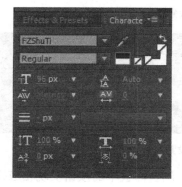

图 6-23　文字参数设置

图 6-24　文字效果图

（5）在"Effect & Presets"面板中依次展开"*Animation Presets"→"Text"→"3D Text"选项组，选择"3D Basi…Cascade"选项，将此特效拖动到所要制作的特效文字上，效果如图 6-25 和图 6-26 所示。

图 6-25　3D Text 特效

图 6-26　特效文字效果

（6）新建文字图层，再输入文字"录音　邢媛"。文字参数设置同步骤 4），将图层位置调整到 0：00：03：00 帧处，隐去"导演 姚文若"图层，效果如图 6-27 所示。

图 6-27　隐去"导演 姚文若"图层

（7）按 T 键，展开"Opacity"选项，在 0：00：03：00 帧处单击左侧的码表按钮，添加关键帧，效果如图 6-28 所示。

图 6-28　添加关键帧

（8）将当前位置的"Opacity"参数调整为 0%，在 0：00：04：00 帧处将此数值调整为 100%，此时会自动生成关键帧。

（9）新建文字图层，输入文字"后期制作　牛双赢 潘薇 路立程 邢媛"，文字参数设置同步骤 4），将图层调整到 0：00：06：00 帧处，隐去"录音 邢媛"图层。

（10）在"Effect ＆ Presets"面板中依次展开"*Animation Presets"→"Text"→"3D Text"选项组，选择"3D Basi…Cascade"选项，将其拖动到所要制作的特效文字上，效果如图 6-29 和图 6-30 所示。

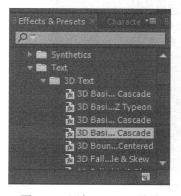

图 6-29　添加 3D Text 特效

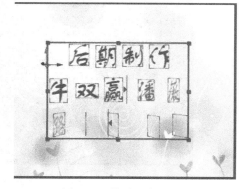

图 6-30　特效文字效果

（11）打开"导演 姚文若"图层，将时间调整到 0：00：02：15 帧的位置，按 T 键，单击"Opacity"左侧的码表按钮添加关键帧，此时数值不变；将时间调整到 0：00：03：00 帧处，将数值改为 14%，再将时间调整到 0：00：03：12 帧处，将其改为 0%，最终效果如图 6-31 所示。

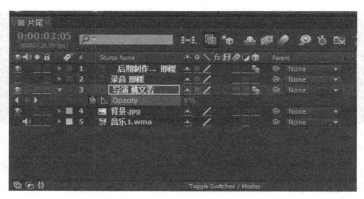

图 6-31　效果图

（12）打开"录音 邢媛"图层，将时间调整到 0：00：03：18 帧的位置，按 S 键，展开"Scale"选项，数值不变；将时间调整到 0：00：04：00 帧的位置，将数值调整为"105%"；将时间调整到 0：00：04：07 帧的位置，将数值设为"100%"，效果如图 6-32 所示。

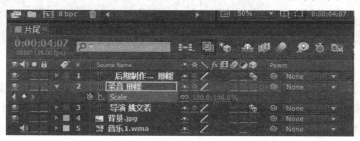

图 6-32　Scale 参数设置

（13）将时间调整到 0：00：05：16 帧处，按 T 键，将"Opacity"数值改为"100%"；将时间调整到 0：00：06：01 帧处，将数值调整为"0%"，效果如图 6-33 所示。

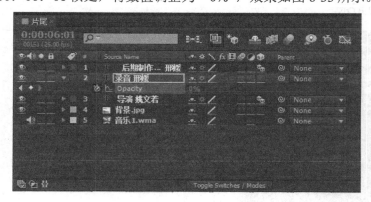

图 6-33　Opacity 参数设置

（14）将时间调整到 0：00：07：20 帧处，选中"后期…邢媛"，在"Effect&Presets"面板中依次展开"*Animation Presets"→"Text"→"3D Text"选项组，选择"3D Flut…rom Right"选项，将其拖到当前图层，效果如图 6-34 和图 6-35 所示。

（15）将"导演 姚文若"图层的入点调整到 0：00：01：00，将"录音 邢媛"图层的入点调整到 0：00：03：13，如图 6-36 所示。

图 6-34　添加 3D Text 特效

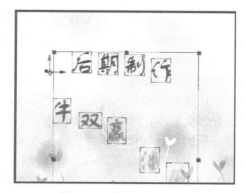

图 6-35　特效文字效果

图 6-36　入点位置

（16）将时间调整到 0：00：03：12 帧处，选中"音乐 1"图层，单击图层右侧的下拉按钮，展开图层属性，单击"Audio Levels"左侧的码表按钮，添加关键帧，将时间轴向后移动一帧，将数值改为"-48.00dB"。

（17）按 Ctrl+D 组合键，复制两个新的图层，按 Enter 键，将其分别重命名为"音乐 2"和"音乐 3"，将"音乐 1"的入点调整到 0：00：01：00，将"音乐 2"的入点调整到 0：00：03：13，将"音乐 3"的入点调整到 0：00：06：01，效果如图 6-37 所示。

图 6-37　3 个音乐文件的入点位置

（18）单击预览控制台面板中的最后一个按钮进行预览。至此，片尾制作完成。

知识窗

1. 片头片尾制作常用后期合成软件

在电视包装中 AE 是一款通用的后期软件，也是现在为止使用最为广泛的软件，它可以和大多数的 3D 软件配合使用。Adobe 本身是生产平面处理软件 Photoshop 的公司，Photoshop 在图像领域中广泛使用。这使对硬件性能要求并不高的 AE 非常适合作为电视包装软件。

2. 片头制作流程

电视包装中片头制作占据了主要的位置，片头甚至成为了整个包装的代名词，做任何事情大多需要有一个预先的规划，作为使用复杂计算机工具来制作电视美学形态的电视包装而言，也有其比较规范的制作流程，这个流程可以让用户更快速地解决问题，达到理想的视觉效果。包装一般的步骤如下。

（1）确定将要服务的目标。

（2）确定制作包装的整体风格、色彩节奏等。

（3）设计分镜头脚本，绘制故事模板。

（4）进行音乐的设计制作与视频设计的沟通，设计解决方案。

（5）将制作方案与客户沟通，确定最终的制作方案。

（6）执行设计好的制作过程，包括涉及的 3D 制作、实际拍摄、音乐制作等。

（7）将其合成为成片输出播放。

以上是简单的片头的制作过程，实际工作中还可以对其进行必要的调整。

一般来说，临摹片子的步骤更为精简：首先，找到适合使用的片子的样本，将这些样本在后期软件中剪切成单一的镜头；其次，对已经被分割成镜头的片段进行元素识别，看看其中使用了哪些元素；再次对片中使用的技术进行破解，这需要制作者对软件有比较深入的了解（值得注意的是，技术破解千万不要等到真正开始制作的时候再去考虑），最后，使用手中的工具生成经过自己修改的元素，完成片子的制作。

3．片尾

片尾除了必须承载的主创人员、摄制和制作职员的名单，以及赞助、协办单位和制作单位的字幕以外，在形式上，片尾其实可以有更多姿多彩、更丰富饱满的表现和组合形式，但这有待于不断地挖掘和发现。

片尾中的字幕，主要是指电视节目结尾处需要以文字的方式集中展示、呈现和记录的文字。其内容主要包括节目主创人员、摄制和制作人员名单，以及摄制单位、赞助和协办单位等。字幕的设计和制作要大方得体、周到和谐，这样会使整个片尾乃至整个节目陡然增色、平添风采。相反，单调刻板或画蛇添足的设计，会使片尾整体效果令人失望。

片尾字幕的出入屏，同样要与栏目整体的风格、电视栏目画面或镜头的构图形式相匹配、相适宜。出入屏字幕中字体的大小、形状、颜色及排列顺序，都关系着片尾整体的形象，甚至关系着整个电视栏目的形象。

任务二　栏目合成

任务描述

合成栏目片头、片尾及歌曲视频，添加音效并根据音效制作字幕；合理设置栏目各部分之间的衔接过渡。

任务分析

合成栏目片头、片尾及音视频素材；设置视频之间的转场效果；根据录音设置字幕；设置片头、片尾、歌曲、视频、音频的合成，使其衔接过渡自然；对视频素材运用不同的滤镜，达到特殊效果。

任务实施

1．合成片头、片尾及音视频素材

（1）执行"Composition"→"New Composition"命令，弹出"Composition Settings"对话框，设置 Composition Name 为"综合成"，Width 为"720"，Height 为"576"，Frame Rate 为"25"，并设置 Duration 暂且为"0：15：00：00"，如图 6-38 所示。

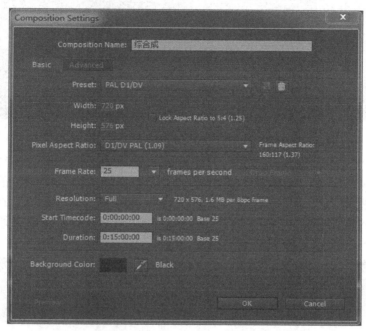

图 6-38　合成参数的设置

（2）导入素材文件夹中的所有素材。导入之前所做的片头、片尾的源文件（AEP 格式），如图 6-39 和图 6-40 所示。

图 6-39　素材文件

图 6-40　项目素材图例

（3）在项目面板中双击，导入之前所做的片头、片尾的源文件（AEP 格式）。注意：单击"片头"文件夹左侧的下拉按钮，在下拉列表中把"1"合成拖动到合成窗口中，再单击"片尾"文件夹左侧的下拉按钮，在下拉列表中把"片尾"合成拖动到合成窗口中，如图 6-41 所示。

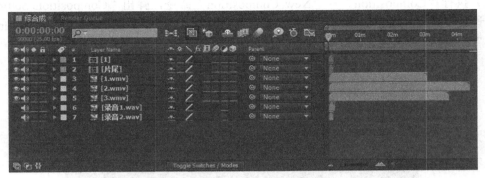

图 6-41　合成素材图层顺序图

（4）将合成"1"和"录音 1"的入点调整到 0：00：00：00，将视频"1"的入点调整到 0：00：08：24，将"录音 2"的入点调整到 0：03：06：00，将视频"2"的入点调整到 0：03：10：02，将视频"3"的入点调整到 0：07：27：24，将合成"片尾"的入点调整到 0：11：08：03，将时间调整到 0：11：17：17 帧处，将工作区工作范围固定到时间轴内，执行"Composition"→"Trim Comp to Work Area"命令，效果如图 6-42 所示。

图 6-42　合成素材显示图

2. 音视频过渡转场效果设置

（1）选中合成"1"，将时间调整到 0：00：08：21 帧处，添加"Effect"→"Transition"→"Radial Wipe"特效，单击"Transition Completion"（转场完成）参数左侧的码表按钮，添加关键帧，将时间调整到 0：00：09：22，将"Transition Completion"参数的数值调整为 15%，如图 6-43 和图 6-44 所示。

（2）选中视频"1"，将时间调整到 0：03：10：03 帧处，添加"Effect"→"Transition"→"Venetian Blinds"特效，单击"Transition Completion"参数左侧的码表按钮，添加关键帧，将时间调整到 0：03：12：22 帧处，将"Transition Completion"的数值调整为 100%，如图 6-45 和图 6-46 所示。

（3）选中视频"2"，将时间调整到 0：07：28：02 帧处，添加"Effect"→"Transition"→"Block Dissolve"特效，单击"Transition Completion"左侧的码表按钮，添加关键帧，将时间调整到 0：07：32：14 帧处，将"Transition Completion"的数值调整为 100%，如图 6-47 和图 6-48 所示。

图 6-43　参数设置

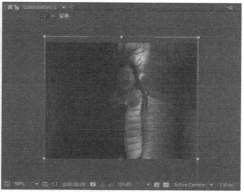

图 6-44　效果图

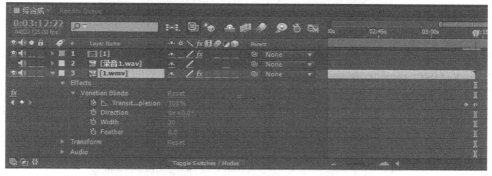

图 6-45　过渡参数设置

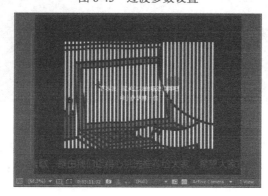

图 6-46　过渡效果图

图 6-47　块面溶解参数设置

图 6-48　块面溶解效果图

（4）选中视频"3"，将时间调整到 0：11：08：03 帧处，添加"Effect"→"Transition"
→"Gradient Wipe"命令，单击"Transition Completion"左侧的码表按钮，添加关键帧，将
时间调整到 0：11：09：19 帧处，将"Transition Completion"的数值调整为 100%，如图 6-49
所示。

图 6-49　参数设置

（5）选中合成"片尾"，将时间调整到 0：11：16：04 帧处，按 T 键，单击"Transform"
→"Opacity"左侧的码表按钮，添加关键帧，将时间调整到 0：11：18：01 帧处，将数值修
改为 0%，如图 6-50 和图 6-51 所示。

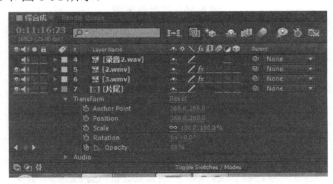

图 6-50　Opacity 参数设置

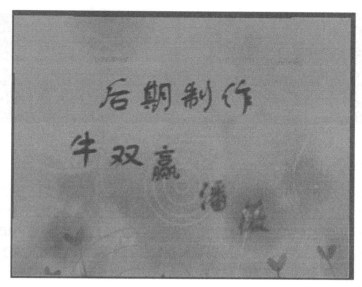

图 6-51　效果图

（6）选中合成"1"，打开图层属性，再打开 Audio 属性，将"Audio Levels"参数的数值调整为-15.00dB，如图 6-52 所示。

图 6-52　Audio Levels 参数设置

（7）选中视频"1"，打开图层属性，再打开 Audio 属性，将时间调整到 0：03：00：01 帧处，单击"Audio Levels"参数左侧的码表按钮，添加关键帧；将时间调整到 0：03：06：05 帧处，将"Audio Levels"参数的数值调整为-15.00dB；将时间调整到 0：03：12：22 帧处，将"Audio Levels"参数的值调整为-48.00dB；如图 6-53 所示。

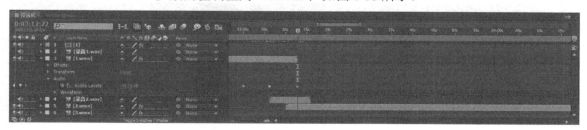

图 6-53　视频"1"Audio Levels 参数设置

（8）选中视频"2"，打开图层属性，再打开 Audio 属性，将时间调整到 0：03：80：04 帧处，单击"Audio Levels"左侧的码表按钮，添加关键帧；将"Audio Levels"的数值调整为-48.00dB，将时间调整到 0：03：15：24 帧处；将"Audio Levels"的数值调整为+0.00dB，如图 6-54 所示。

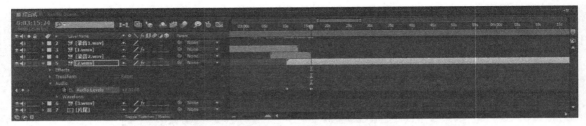

图 6-54　视频"2"Audio Levels 参数设置

3．字幕制作

（1）将时间调整到 0：00：00：00 帧处，新建文字图层，输入"录音 1"的内容："大家好，这里是赖上音乐点歌台，请大家多多支持。今天的第一首歌是由我们全小组献给 12 级 11 班班主任刘葆华老师的致青春，敬请欣赏"。字号为 36，其他不变，按 P 键，将"Position"参数值改为（734，548）。单击其左侧的码表按钮，添加关键帧，将时间调整到 0：00：11：23 帧处，将"Position"参数值改为（477.3，548.0），如图 6-55 和图 6-56 所示。

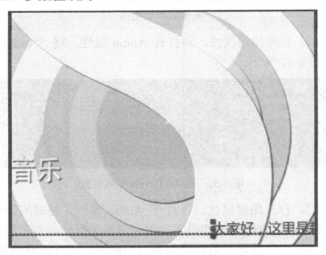

图 6-55　字幕添加效果

图 6-56　Position 参数设置

（2）将时间调整到 0：03：06：03 帧处，新建文字图层，输入"录音 2"内容："接下来的两首歌，是由我们组精心挑选推荐给大家的，希望大家能够喜欢"。字体设置不变，按 P 键，将"Position"参数值改为（734，548）。单击其左侧的码表按钮，添加关键帧，将时间调整到 0：03：15：19 帧处，将"Position"参数值改为（90.7，548.0），如图 6-57 和图 6-58 所示。

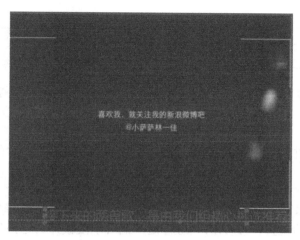

图 6-57　字幕效果图

图 6-58　字幕层 Position 参数设置

（3）单击预览控制台中的相关按钮进行预览。至此，制作完成。

知识窗

1．剪辑素材的方法

方法一：将播放头移动到目标位置，按住 Shift 键并将入点（或出点）对齐。

方法二：双击素材层，打开层预览窗口；将播放头移动到目标位置，单击层预览窗口中的◀或▶按钮。

2．分割素材的步骤

（1）将素材视频拖动到时间轴上。

（2）将播放头拖动到分割位置上，执行"编辑"→"分离图层"命令。

（3）此时，可将一段素材分割成两段（两个图层）。

3．利用笔记本式计算机录制声音的方法

（1）利用 Windows 自带的录音程序录制点歌台台词，可以执行"开始"→"所有程序"→"附件"→"录音机"命令来完成。

（2）打开录音机窗口，单击"开始录制"按钮，进行声音的录制，如图 6-59 所示。

（3）单击"停止录制"按钮，如图 6-60 所示，弹出保存对话框。将自己录制的声音命名为"点歌台台词"，将其保存到自己的素材文件夹中。一般录制的声音文件格式为 WMA。

图 6-59　录音机　　　　　　　　　　　　　　　图 6-60　停止录音

4．视频处理

（1）双击视频，进入视频图层界面。将视频指示器█拖动到 2 秒的位置，单击"设置入点到当前时间"按钮，将视频指示器█拖动到 2 分 18 秒的位置，单击"设置出点到当前时间"按钮。根据不同歌曲视频修改视频的入点和出点。

（2）如果需要剪辑，按 Ctrl+D 组合键可复制需要剪辑的层。选择复制的层，在时间轴上定位到需要剪开的起始位置，按 ALT+]组合键，把后半段裁掉。选择复制的层，定位到需要剪开的第二个位置，按 ALT+[组合键，把前半段裁掉。将这两个层对接起来即可完成剪辑。

知识梳理

通过本项目的学习，读者应该对栏目包装有初步的认识，栏目包装就是将各种不同的元素有机地组合在一起，进行艺术加工，从而得到最终的作品。另外，读者对栏目包装制作的流程也应该有基本的了解；应学会根据主题设计片头、片尾，并能够处理音视频素材，对素材进行简单的剪辑和处理；能够掌握音视频之间过渡转场的方法和特效命令；能够很好地融合素材，制作出播放自然的短片。

知识巩固

1．填空题

栏目制作的流程有＿＿＿＿＿＿、＿＿＿＿＿＿＿、＿＿＿＿＿＿、＿＿＿＿＿＿、＿＿＿＿＿＿、＿＿＿＿＿＿＿＿。

2．简答题

（1）简述包装的基本理念。

（2）简述利用笔记本式计算机录制声音的步骤。

拓展实训

（1）制作校园新闻栏目，自己拍摄需要的视频素材和图像素材，构思并完成片头和片尾的制作，制作字幕播报，录制与编辑声音。

（2）制作毕业季短片，书写策划，准备答辩。答辩通过后，分组准备素材制作短片。